上毛新聞コラム新書 1

「三山春秋」が伝える時代のこころ

絹の物語 未来へ

上毛新聞社

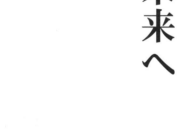

凡例

・本書は上毛新聞1面に掲載した「三山春秋」の中からテーマに沿ったコラムを選び、新たにタイトルを加え、編集したものです。
・本文は、読みやすくするため、新聞では▼で区切っている部分に句点を付け改行しました。
・新聞掲載後の状況の変化、時代背景、字句説明などを脚注として、本文末に加えました。
・末尾の日付は掲載日です。
・肩書、固有名詞、年齢などは基本的に執筆時のままとしました。
・現在の上毛新聞の数字・漢字の基準と異なる表記の場合は修正しました。

はじめに

上毛新聞の1面下に位置する横長のコラム「三山春秋《みやましゅんじゅう》」が創設されたのは、終戦後間もない1945（昭和20）年10月1日でした。

「三山」は言うまでもなく赤城、榛名、妙義の上毛三山《じょうもうさんざん》です。この名称から、群馬県に根差した地方紙として、戦禍で混乱が続く郷土の復興に県民とともに力を尽くそうという、当時の新聞人の気概や意気込みが伝わってきます。

以来、題字のデザイン、行数の増減などの変化はありましたが、70数年にわたって毎日、この位置に掲載してきました。

取り上げる題材は、内外のニュースから身近な暮らしの話題まで幅広く、読者に信頼され、親しまれるコラムを目指し、ベテラン記者が日々、試行錯誤してつづっています。

新聞記事が、過去の歴史を知るための貴重な資料となることは少なくありません。コラムもまた、ニュース記事とは一味違う形でその時代の空気を伝えてくれる大事な資料と言えるのではないでしょうか。

　そんな考えから、コラムを書籍としてまとめ、シリーズ化するこの「上毛新聞コラム新書」の企画が生まれました。一冊ごとにテーマを設定し、関連資料、年表なども加えます。

　第1号は、「絹の物語　未来へ」をテーマに、1994年から2019年までの絹産業、絹文化の振興に関わるコラム100編を集めました。「富岡製糸場と絹産業遺産群」の世界文化遺産登録運動をきっかけに上毛新聞社が2005年から取り組んだ「シルクカントリー群馬キャンペーン」を軸として、絹をキーワードにさまざまな角度から問題、課題について考え、日本の絹文化の歴史と文化の豊かさを紹介しています。

　キャンペーンのなかで、記者も含め群馬県民、行政担当者の絹文化、絹産業への理解が確実に深まり、足元にあるものの大切さと可能性の大きさに気付かされました。収録したコラムをたどることにより、その変化の過程を感じとっていただけるのではないでしょうか。

　今後さらに重要性を増すに違いない、歴史、文化遺産を生かした地域づくりを考えるヒントにしていただければ幸いです。

目次

はじめに……4
新聞記事でたどるシルクカントリー群馬の軌跡……10

第1章（1994〜2006年）
模索 戸惑いから期待へ
近代化遺産の見直し 1994年10月19日…20
上毛かるたと群馬の絹産業 1996年10月31日…22
ふたつの製糸工場 1997年8月29日…24
皇居のご養蚕展 2002年5月10日…26
座繰り糸のぬくもり 2002年6月11日…28
ネパールに蚕糸専門職員を派遣 2002年10月1日…30
高山社の資料が歴博に 2003年1月25日…32
藍田正雄さんの挑戦 2003年3月2日…34
横浜に中居屋重兵衛の記念碑 2003年6月3日…36
銘仙復活の兆し 2003年8月14日…38
群馬県産絹の利用促進を 2003年8月26日…40
ブリュナとバスチャン 2003年8月28日…42
でっかい夢を 2004年6月28日…44
経糸と緯糸が織りなす世界 2004年7月7日…46
養蚕の視点から歴史見直しを 2004年11月14日…48
お雇い外国人に光を 2005年5月12日…50
富岡製糸場が国史跡に 2005年5月21日…52
復興に燃えた青年たちの気概 2005年5月28日…54
糸の街の面影 2005年7月5日…56
時代を駆け抜けた一人の女性 2005年9月7日…58
六合村赤岩地区が重伝建に 2006年4月22日…60
岡谷市と強い絆 2006年6月28日…62
原風景への切実な思い 2006年7月3日…64

第2章（2007～2013年）
誇りと愛着　絹文化の豊かさを伝えて

世界遺産国内暫定リストに　2007年1月24日…68
懐かしさの価値　2007年2月6日…70
タウトの富岡製糸場賛辞　2007年3月3日…72
鼠除けの猫絵　2007年5月25日…74
座繰り技術を高めた先人　2007年8月24日…76
職人の気概、誇りを受け継ぐ　2007年11月30日…78
境島小学校の校章　2008年2月15日…80
富岡製糸場を残した片倉工業　2008年3月26日…82
37年かけた養蚕信仰の記録　2008年4月3日…84
自然への眼差し　2008年5月4日…86
蚕の神秘さ　2008年6月2日…88
生糸を運ぶ道　2008年11月5日…90
諏訪式繰糸機　2009年3月13日…92
高山長五郎の情熱と合理精神　2009年5月22日…94
茂木惣兵衛と原善三郎　2009年6月19日…96
進化するシルク　2009年9月18日…98
上州座繰りへの関心の高まり　2010年4月3日…100
村松貞次郎さんのメッセージ　2010年8月29日…102
天然の冷蔵庫　2011年5月9日…104
組合製糸の歴史的意義　2011年5月16日…106
養蚕の舞　2011年10月3日…108
内からの力　2011年10月10日…110
「遺産群」のもつ意味　2011年11月7日…112
田島弥太郎さんの遺訓　2012年1月8日…114
いせさき銘仙の日　2012年2月6日…116
活用がなければ保存もない　2012年2月16日…118
続々と新たな研究　2012年4月23日…120
速水堅曹の詩歌集　2012年5月24日…122

先人の気概も大きな遺産　2012年7月13日…124
高めた女性の精神性　2012年8月20日…126
絹のことば　2012年10月29日…128
歌会始に蚕の歌　2013年1月21日…130
群馬県産生糸を米国に　2013年6月20日…132
重伝建を縁に交流　2013年8月30日…134
蚕糸技術開発の蓄積が今に　2013年9月23日…136
蚕具は知恵の宝庫　2013年9月30日…138
生糸鉄道　2013年10月14日…140

第3章（2014～2019年）
世界遺産と共に　保存・活用のあり方を問う

イコモスが登録勧告　2014年4月27日…144
横浜への絹の道　2014年6月2日…146
功労者たちの気概　2014年6月22日…148
生糸商人が前橋城復活　2014年6月30日…150
県産絹需要の高まり　2014年9月8日…152
一家団欒が第一　2014年11月24日…154
蚕積金制度　2015年2月16日…156
絹産業と萩原朔太郎　2015年3月2日…158
かかあ天下が日本遺産に　2015年4月25日…160
住民団体の緻密な研究成果　2015年6月8日…162
民の力が地域文化賞　2015年8月31日…164
全国の絹遺産をつなぐ　2015年10月12日…166
群馬県産繭が32年ぶりに増産　2016年2月29日…168
上州人が支えた港町の黎明期　2016年6月28日…170
類例のない養蚕関連資料　2016年7月4日…172
熊本県で大規模養蚕工場　2016年9月5日…174
県外にも広がる絹文化の継承　2016年10月30日…176
利他の精神　2016年11月7日…178

養蚕機織りの神　2017年1月7日…180
景観十年、風景百年、風土千年　2017年3月12日…182
住民が自主的に案内役　2017年4月4日…184
養蚕継承の輪を　2017年5月21日…186
家庭用製麺機に光　2017年5月26日…188
遺産を深く学ぶ場に　2017年12月23日…190
金子兜太さんと蚕の国　2018年2月25日…192
新庁舎に「きびそ」　2018年3月30日…194
生糸のまち前橋を築いた人々　2018年4月8日…196
日本絹の里の20年　2018年4月20日…198
絹産業継承につなげて　2018年5月6日…200
風穴の全景伝える風景画　2018年6月17日…202
新聞誕生と上州の生糸商　2018年7月29日…204
「群馬の蚕神」調査　2018年8月19日…206
産業として残す　2018年10月14日…208
すがすがしい経営理念　2018年11月18日…210
豊かな粉食文化　2018年12月4日…212
GM蚕の可能性　2018年12月23日…214
かるたに込めた蚕糸復興　2019年1月6日…216
渋沢栄一と日本の絹産業　2019年4月10日…218
養蚕安全のお札　2019年5月12日…220
遠望するまなざし　2019年6月16日…222
絹の国の地方紙として――「三山春秋」が担うもの…224
「富岡製糸場と絹産業遺産群」の世界文化遺産運動と
上毛新聞社シルクカントリー群馬キャンペーンの歩み…228
索　引…238
三山春秋小史…239
創刊の辞…243

（装丁・新書シンボルマーク　栗原 俊文）

新聞記事でたどるシルクカントリー群馬の軌跡

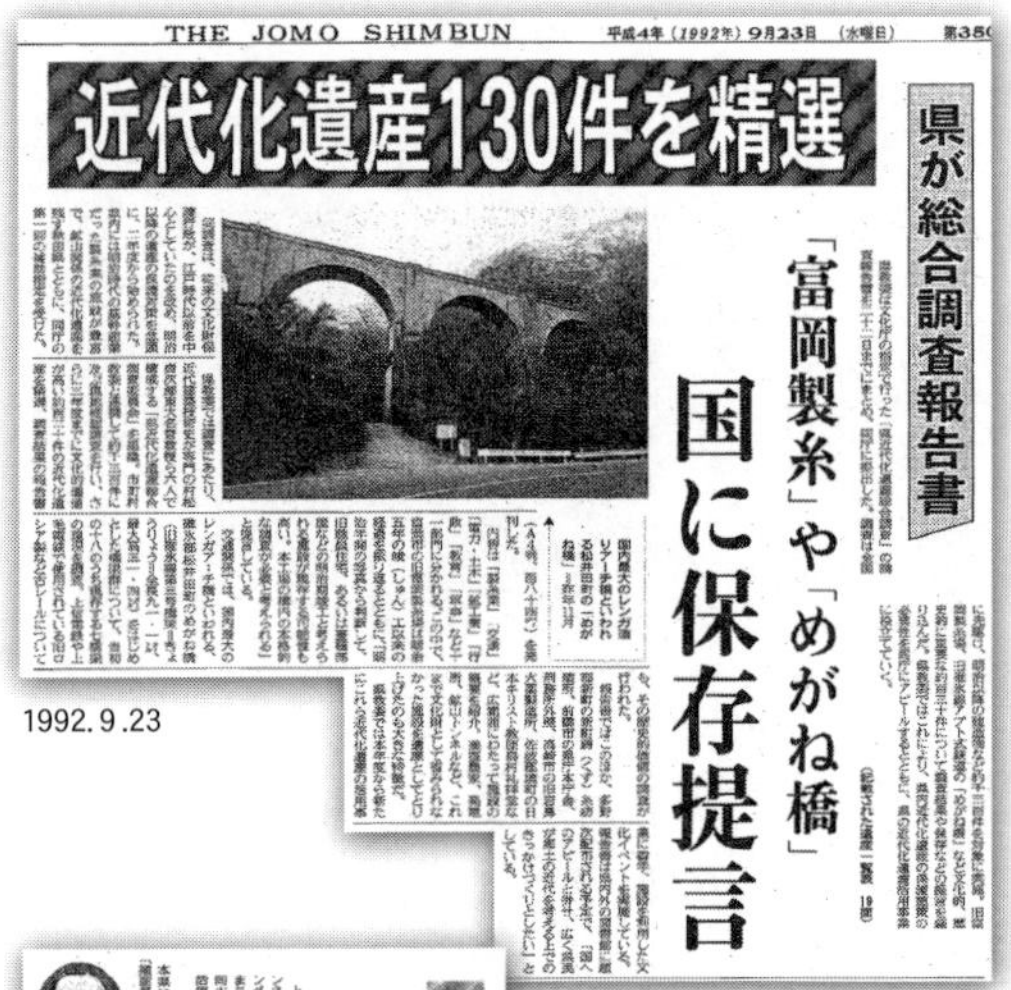

1992.9.23

1994.10.6

近代化遺産調査で絹遺産が再発見

1990年から行われた群馬県近代化遺産総合調査により、群馬の絹産業遺産の質の高さと量の多さが再発見されることになった。

THE JOMO SHIMBUN　1993年（平成5年）2月19日

全国一も…青息吐息

養蚕農家が激減

戸数、5分の1（昭和50年比）

繭価低迷や後継者不足

増産へ県が補助金

1993. 2 .19

国の文化継承
地域育成事業

本県の養蚕守れ

新年度から稚蚕飼育補助

2002. 1 .30

オープニングスピーチ

川村　恒明

川村　恒明氏
（かわむら・つねあき）

群馬はシルクカントリー

1994.11.9

THE JOMO SHINBUN　2003年（平成15年）8月26日（火曜

世界遺産登録を

「近代産業の原点」

県、研究プロジェクト発足へ

旧官営富岡製糸場

「現在は白紙」

2003. 8 .26

養蚕農家 1000戸割る

収繭量も過去最低

価格低迷や高齢化で

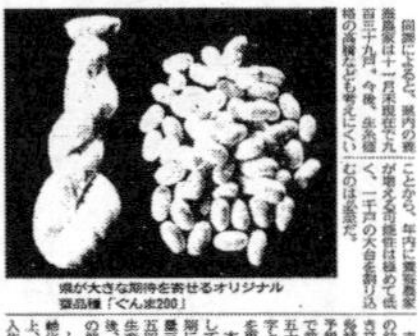

県が大きな期待を寄せるオリジナル蚕品種「ぐんま200」

工芸品に活路も

2002.12.17

THE JOMO SHINBUN　2006年（平成18年）11月28日

8市町村10件を提案

世界遺産登録運動

来年1月候補選出　県、あす文化庁へ

県が提案する絹産業遺産群

◆養蚕	
薄根の大クワ	沼田市
荒船風穴	下仁田町
栃窪風穴	中之条町
高山社発祥の地	藤岡市
富沢家住宅	中之条町
赤岩地区養蚕農家群	六合村
◆製糸	
旧甘楽社小幡組倉庫	甘楽町
旧官営富岡製糸場	富岡市
◆流通	
碓氷峠鉄道施設	安中市
旧上野鉄道関連施設	下仁田町

2006.11.28

HINBUN　2006年（平成18年）4月22日

赤岩（六合）を保存選定

重要伝統的建造物群　富岡製糸場 国重文に

文化審答申

重伝建選定の答申を受けた六合村赤岩地区

2006.4.22

手探りで始まった登録運動

群馬県の提唱で富岡製糸場の世界遺産登録に向けた運動が始まったが、当初、蚕糸業が衰退するなか、絹産業遺産への関心は低かった。

THE JOMO SHINBUN 2007年 1月24日

絹産業群が世界遺産候補

富岡製糸場など10カ所

文化庁「文明開化の先駆け」

暫定リストに記載

祝 富岡製糸場世界遺産暫定リスト

息長い活動必要

世界遺産への課題

世界の生糸市場に影響

明治の産業革命リード

2007.1.24

暫定リスト入りで理解深まる

2007年１月、世界文化遺産国内暫定リスト入りが決まったことが大きな転換点となった。運動はより活発になり、蚕糸業の振興の動きも後押しした。

実用化へ農家 飼育

GM蚕

遺伝子組み換え 繭から有用物質 医薬など新産業期待

世界初

前橋の6戸が組合 16日開始

有用物質を大量生産できる遺伝子組み換え蚕（GM蚕）の実用化を進める県などは4日、前橋市内の養蚕農家が16日から県蚕糸技術センター内の施設で実用飼育を始めると発表した。GM蚕の飼育に養蚕農家が加わるのは世界初で、6戸でつくる「前橋遺伝子組換えカイコ飼育組合」が取り組む。GM蚕を利用した新産業の創出を進める協議会も4日発足し、養蚕を核とする蚕糸業の維持存続に向けた動きが活発化してきた。

GM蚕は何らかの働きを持つ遺伝子を卵に注入して作られ、その繭や糸は診断薬や医薬品、高機能シルク素材への活用が期待できる。従来の絹産業に加えて新たなビジネス創出の手掛かりにしようと、県と国が2000年から研究を進めてきた。

今回の飼育は、県と共同研究契約を結んでいる民間企業の免疫生物研究所（藤岡市）が前橋遺伝子組換えカイコ飼育組合に委託する。法律に基づき拡散防止措置が施された施設内で12月にかけ、有用タンパク質を生成するよう遺伝子が組み換えられた蚕6千匹を繭まで育てる。

同社は繭から有用タンパク質を抽出し、診断薬の原料となる抗体の精製などに使う。蚕は①年間を通して飼育できる②扱いやすい③不純物が少ない…との理由から有用物質の生産に適しており、清藤勉社長は「安定性や精製度をテストし、来春以降に（有用タンパク質の）販売のめどをつけたい。診断薬や動物用医薬品の開発にも取り組みたい」と述べた。

実用飼育は来年以降も継続し、将来的には稚蚕共同飼育所や各農家の蚕室で実施できるよう手続きを進めているという。同飼育組合の糸井文雄組合長は「この新しい事業を成功させ、次世代が養蚕に取り組んでいけるような基盤ができればいい。県内に広めていきたい」と話した。

飼育組合と免疫生物研究所、前橋市農協は4日、GM蚕の実用化を推進するため、「M&I新蚕業創造協議会」を設立した。GM蚕を使った新産業の創出について検討していく。

2010.11.5

世界遺産登録

「4資産」を候補に

富岡製糸 国際会議が合意

本県の世界遺産候補「富岡製糸場と絹産業遺産群」について、県世界遺産学術委員会（岡田保良委員長）は31日、旧官営富岡製糸場（富岡市）との直接の関連性を重視して、これまでの7資産から4資産に絞り込んで世界文化遺産候補とすることを明らかにした。29、30日に開かれた第3回国際専門家会議で推薦案に合意、31日の国際シンポジウム（県、文化庁主催）で報告された。

（シンポジウムの詳細は5日付の文化面で紹介）

学術委は、世界遺産としての顕著な普遍的価値が高品質な生糸の大量生産についての技術交流・革新と生糸の大衆化にあるとし、富岡製糸場と高山社跡（藤岡市）、荒船風穴（下仁田町）、田島家住宅（伊勢崎市）に絞り込んだ。

国際会議で推薦書案が大筋で合意されたことを受け、今後は推薦書の改訂と、田島家住宅の国史跡指定や各資産の緩衝地帯の設定などが来年度の推薦を目指して進められる。

県内には多くの絹産業関連の遺産、施設が良好に残り、県が進める「ぐんま絹遺産ネットワーク」を育てていくことの重要性も会議で指摘された。県世界遺産推進課によると、海外の専門家が同ネットワークを高く評価し、地域で保護されている多くの資産の中から世界遺産候補が選ばれていることを推薦書に明記するよう助言があったという。

会議は世界遺産候補名の変更についても議論したが結論に至らず、協議を継続していくことになった。

シンポジウムでは講演やパネルディスカッションが行われ、文化庁世界文化遺産室長の小林万里子さんは絹産業遺産群について「準備が整ってきており、来年にも推薦書の暫定版を出せるよう地元と力を合わせていきたい」と語った。

2011.11.1

養蚕農家に補助金

国に代わり県と蚕糸会 世界遺産登録 後押し

繭生産の減少に歯止めを掛けるため、県は新年度、養蚕農家などへの補助金を創設し、経営支援に乗り出す。国の補助金が本年度末で廃止となるのを受け、新年度からの独自支援を表明している財団法人「大日本蚕糸会」（東京都）と足並みをそろえ、現状と同水準の補助を確保する。補助は3年間を予定し、その間に高機能シルクなど付加価値の高い繭生産も支援し、自立した経営への転換を促す。「富岡製糸場と絹産業遺産群」の世界文化遺産登録の審議が迫る中、絹産業の振興を後押しする。

国は2008年度から、「蚕糸・絹業提携支援緊急対策事業」として、農家と製糸・織物業者が協力して自立を目指すグループに補助金を交付してきた。現在

している。

国の補助金廃止を受け、各グループの自立には時間的な猶予が必要だとして、大日本蚕糸会は新年度から3年間、補助金同1200

る声が強かった。

ことし6月には世界文化遺産登録の審議が行われることから、県は繭生産を損なわないためにも養蚕業の振興は不可欠と判断。大日本蚕糸会の補助金との合計で、現状と同額にできる3300円を上乗せするよう、新年度当初予算案に盛り込む。

県産繭の販路を広げるため、県は昨年、通常よりも細い生糸を生産できる県オリジナル品種「ぐんま細」を実用化。今後は遺伝子組み換え蚕（GM蚕）の普及に向けた研究も進める。県蚕糸部は「景気回復も追い風にしながら、高い付加価値を生む養蚕業への転換を促したい」としている。

2014.2.1

THE JOMO SHINBUN

富岡製糸場 世界遺産

田島弥平旧宅 高山社跡 荒船風穴

近代産業で国内初

ユネスコ登録決定 絹の消費 大衆化

知事、4首長 喜びの声

2014.6.22

登録がもたらしたもの

世界文化遺産登録は、群馬県民に大きな感動をもたらし、蚕糸業継承にも一条の光を灯した。しかし持続可能な遺産の保存・活用に向け課題は山積する。

THE JOMO SHINBUN　2015年（平成27年）12月18日

県産繭32年ぶり増

補助拡充で参入相次ぐ

本年度47.4トン

世界遺産

富岡製糸場開設期に使用

ブリュナエンジン動いた

2015.12.18

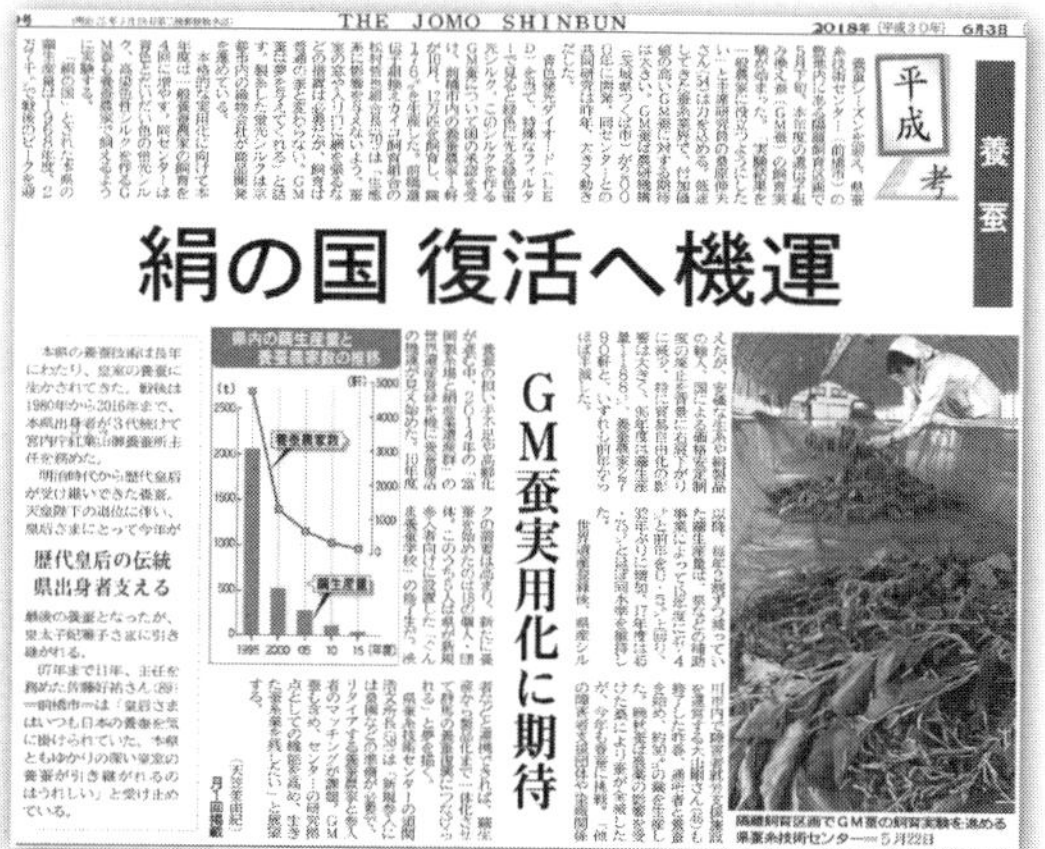

THE JOMO SHINBUN　2018年（平成30年）6月3日

平成考　養蚕

絹の国 復活へ機運

GM蚕実用化に期待

歴代皇后の伝統　県出身者支える

2018.6.3

第1章（1994～2006年）

模索

戸惑いから期待へ

三山春秋

養蚕が盛んだった本県の農家では、どこでも座繰りと呼ばれる木製の道具で糸をひいた。繭を煮る独特なにおいと、座繰りの前に座った母親の姿を思い浮かべる人は多い。糸をひく女性のイメージは故郷の原風景で

1990年	4月	群馬県近代化遺産総合調査（～1991年）
1994年	9月	上毛新聞社が「近代化遺産保存活用キャンペーン」スタート（～1999年11月）
1994年	10月	近代化遺産シンポジウムで「群馬は日本のシルクカントリー」との発言
1998年	4月	「日本絹の里」が群馬町に開館
		群馬県内の養蚕農家が1000戸を割る
2002年	8月	小寺弘之群馬県知事が「富岡製糸場を世界遺産に登録する研究プロジェクト」を発表
2003年	5月	上毛新聞社が「シルクカントリー群馬」キャンペーンをスタート
2005年	11月	群馬県が「富岡製糸場と絹産業遺産群」の提案書を文化庁に提出

に残るだけ▼座繰り糸は手作りのため、均一性に劣るが、肌触りに独特のぬくもりがある。ひく人の個性が糸に伝わると言われ、染織家の間で人気が高い。そこに目をつけた県が、製品化を目指して開発事業に乗り出した▼技術者養成講習を開いたところ、反響は大きく、受講生から座繰りを購入したいという声が相次いだ。使用した座繰りは、いらなくなった農家から集めた年代もので、老朽化も著しい。県は急いで座繰りを発注し、希望者にあっせん

近代化遺産の見直し

来年は「戦後50年」。不透明な世で、一つの時代のテーマとして浮かび上がるのが、現代の暮らしに大きく影響した近代化の〝総括〟だ。その芽は近代化遺産の見直しの運動とも結びあう。

県の近代化遺産総合調査委員会は郷土に現存する１３０に及ぶ地域遺産を洗い出した。産業、交通、土木など貴重な遺産の資料は過ぎし時代の足音をよみがえらせる。

全国でも屈指の近代化遺産の保存県といわれる本県。養蚕県のシンボルとも言える旧富岡製糸場、昨年に国の重要文化財指定を受けた旧碓氷線のアプト式鉄道が走った「めがね橋」をはじめ、さまざまな遺産が残る。

全国各地でも、風格ある施設を今に生かした街づくりが広がり、多くの人に〝やすらぎ〟を提供している。小樽、函館、横浜、倉敷…。県内でもレンガ造りの「有鄰館」に着目した桐生市、「ながめ余興場」に光を当てた大間々町などで、歴史遺産を街づくりの核に据える実験が行われている。

こんな〝歴史遺産へのまなざし〟を誘う2つの催しがある。1つは県立歴史博物館で開催中の県人口200万人を記念した「近代群馬のあゆみ展」。展示資料を中心に郷土の足元をみつめ直そうという試みだ。もう1つは、本社と県、県教委共催の「近代化遺産保存活用キャンペーン」。見学ツアーを皮切りにした催しは、29日、群馬会館でのシンポジウムと前後して多彩な催しが展開される。

「過去に目をつぶるものは現在にも盲目になる」とは前ドイツ大統領、ワイツゼッカーが残した言葉。いままで、とかく見過ごされていた過去の遺産。それを現代に埋め戻し、生かしていく過程に地域のアイデンティティーを見つけるヒントが秘められる。

(1994年10月19日付)


近代化遺産とは、幕末から第二次大戦までの間、近代的手法によって建設され、日本の近代化に貢献した産業、交通、土木に関する遺産。1990年から群馬、秋田県で全国に先駆け行われた近代化遺産総合調査をきっかけに広く使われるようになった。

上毛かるたと群馬の絹産業

「つる舞う形の群馬県」。「上毛かるた」に学んだ郷土の知識は多い。文章の枕詞《まくらことば》にもよく利用した。県立文書館で開催中の「歴史の中の上毛かるた」展を見た。

来年11月に発行50周年を迎えるが、発行部数は100万部以上、県民の2人に1人が購入したことになる。これほど県民に定着し、親しまれている郷土かるたは珍しい。全国に誇れる文化財だ。

産業構造をはじめ、本県の姿も大きく変わった。しかし読み札の内容は、県人口をうたった「ち」の札、「力あわせる二百万（当初は160万）」以外は、昭和22年の初版当時のまま。「当時とは、その内容に変化が生まれた札もあるが、それぞれの札から現在の群馬県を考える上で、参考になることがたくさんありそうです」（同展資料）。郷土を築き、守ってきた先輩たちの業績や労苦をしのび、今を考える。温故知新だ。

「千二百年の伝統を誇る桐生の繊維産業界が生き残りをかけて、新素材を使った開発プロジェクトに挑戦している」（27日付小紙）という。「桐生は日本の機どころ」の良き時代に思いをはせる。

「繭と生糸は日本一」は依然変わらず、繭生産量の全国シェアは40％。しかし「生産量、農家数とも最盛期の20分の1に落ち込んでいる」（県蚕糸課）。県蚕糸課、農水省、寝具業者（前橋）が共同開発した、新素材「シルクウエーブ」が注目されている。県経済連が生産を本格化。業者が繭糸（シルクウエーブ）2万本を布団綿にしたオールシルクの布団（1枚8万円）を売り出す。質感、保温性、防湿性に優れ、大手商社からの引き合いも多い。養蚕振興の起爆剤になればいいが。

（1996年10月31日付）

「上毛かるた」は1947年、浦野匡彦を中心に作られた群馬県の郷土かるた。絹産業を直接扱った読み札は「繭と生糸は日本一」「日本で最初の富岡製糸」「県都前橋生糸の市」「桐生は日本の機どころ」「銘仙織出す伊勢崎市」の5枚。

ふたつの製糸工場

高崎・群馬の森にある県立歴史博物館で開かれている企画展「ふたつの製糸工場―富岡製糸場と碓氷社」を興味深く見た。しばし残暑を忘れ、上州の花形産業・蚕糸業の「繭から糸へ、織物へ」を学んだ。

会場入り口にあったブリュナ蒸気エンジンの実物。明治村所蔵で国内最古の蒸気機関といわれる。その大きさ、手入れが行き届いている様子は見事だった。同展は製糸業のシンボルである機械製糸の富岡、座繰りの碓氷社の歴史を教える。

1872(明治5)年に設置された官営富岡製糸場。フランス人のブリュナから指導を受けた。その12年後、安中に誕生した、全国に先駆けた民間人による組合組織の碓氷社。この官民二つの組織の繁盛ぶりが感じ取れる。

木の歯車を使った上州座繰器が幾台も展示されていた。同時に東北地方の木の円盤ものもあり、違いがよく分かる。座繰り体験学習もあり、すでに200人を超える人が糸取りに挑んだという。

　この見学後に「群馬県は養蚕のイメージ」という記事に出合った。本紙近県情報面「私とぐんま」に載った熊谷市の女性公務員（25）の述懐である。20年ほど前、太田市の母親の実家で蚕が桑を食べる光景を見た。無数の白い蚕がザーザーと音をたて、懸命に桑の葉を食べる姿に見入ったと語っていた。

　蚕は桑の葉を食べながら、4回の休眠を経て成長し、繭をつくる。糸価がよい年は農家は高収入だが、労苦も多い。養蚕は重労働で、桑摘み、給桑など一家を挙げての徹夜仕事であった。

　糸じゃ前橋　お機じゃ桐生　中の伊勢崎や太織縞《ふとりじま》――という糸挽《ひ》き歌を耳にしなくなって久しい。

（1997年8月29日付）


〈生糸王国群馬は、まさにこの二つの建物の間で繰り広げられた歴史的な競争のなかで近代をすごし、全国有数の生糸生産をあげてきた〉（松浦利隆著『在来技術改良の支えた近代化』）。2つの製糸工場の足跡は、群馬の製糸業史の特質を物語る。

皇居のご養蚕展

県立日本絹の里で開かれている「皇居のご養蚕展」に足を運んだ。明治以降、生糸が日本の貴重な輸出品になって以来、皇后さまが宮中で蚕を飼う習わしが続いている。日本一の養蚕県だった本県からは当然、数多くの人々が、宮中でお手伝いしてきた。同展は、養蚕をめぐる本県と皇室との関わりをひもとく狙いもある。県内のどこにでもあった養蚕農家と造りがそっくりな御養蚕所のパネル写真を見ると、懐かしいものに触れた気分になる。

会場にはあまり目にしたことのない御養蚕所で作業する皇后美智子さまの写真や、蚕具、繭標本などが並ぶ。養蚕への深い慈しみの心が伝わる品々だ。世話役を務めた本県の農家に伝わるお礼の杯、扇子、たばこ入れなどもあり、日本の近代化に果たした本県の役割を考える機会にもなる。

御養蚕所主任を17年務め、１９９６年に現職のまま亡くなった神戸禮二郎さん（安中市）を悼んだ和歌も紹介されている。詠まれたのは皇后さま。和歌とともに、霊前に供えた皇后さま手作りの繭と生糸も展示されている。

「初繭を　掻《か》きて手向けむ　長き年　宮居《みやゐ》の蚕飼《こがひ》　君は目守《まも》りし」。明治から続く皇室の伝統行事を支えた〝上州人の系譜〟に、神戸さんも書き加えるべきだろう。養蚕にささげた人生は、地味ではあったが、光り輝いていた。

県庁に「蚕糸」の名前は残ったが、４月から蚕糸課は流通園芸課と統合され「蚕糸園芸課」となった。今や養蚕県群馬は見る影もない。このような時期だからこそ、国づくりの基本だった養蚕の歴史を振り返るのは意味がある。

（２００２年5月10日付）

１８７１（明治４）年、昭憲皇太后によって始められた皇室のご養蚕は、歴代皇后に引き継がれた後、長く美智子さまが続けてきた。そして、２０１９年5月の新天皇の即位に伴い、新皇后となった雅子さまにバトンタッチされた。

座繰り糸のぬくもり

養蚕が盛んだった本県の農家では、どこでも座繰りと呼ばれる木製の道具で糸をひいた。繭を煮る独特なにおいと、座繰りの前に座った母親の姿を思い浮かべる人は多い。糸をひく女性のイメージは故郷の原風景でもあるのだが、養蚕の衰退とともに今では赤城山麓に残るだけ。

座繰り糸は手作りのため、均一性に劣るが、肌触りに独特のぬくもりがある。ひく人の個性が糸に伝わると言われ、染織家の間で人気が高い。そこに目をつけた県が、製品化を目指して開発事業に乗り出した。

技術者養成講習を開いたところ、反響は大きく、受講生から座繰りを購入したいという声が相次いだ。使用した座繰りは、要らなくなった農家から集めた年代もので、老朽化も著しい。県は急いで座繰りを発注し、希望者にあっせんすることにした。

碓氷製糸農業協同組合（松井田町）では、今春から26歳と24歳の女性が寮に住み込み、座繰りを習い始めた。２人とも座繰り糸に触れ、その魅力のとりこになったのが、糸づくりのきっかけだ。

この道一筋のおばあさんたちの技には、とてもかなわない。座繰りを回す手つきもぎこちなく、手間ばかりかかって、採算が取れるまでにはまだ時間がかかりそうだ。でも将来、糸づくりに関わって生きていこうとする志にエールを送ろう。

本県の２００１年繭生産量は４４７トン、戦後のピークだった１９６８年の60分の１にまで落ち込んだ。活況の再現は難しいだろうが、しっかりと伝統を受け継いでいく努力は大切。日本で最も養蚕の恩恵を受けた県民だからこそ、こだわり続けたい。

（２００２年６月11日付）

碓氷製糸農業協同組合は１９５９年、養蚕農家を組合員に発足。生糸生産の国内最大手に成長し、多い時で３千人の組合員がいたが、蚕糸業の衰退で減少。存続と発展を目指して２０１７年に株式会社へと移行した。

ネパールに蚕糸専門職員を派遣

ヒマラヤ山脈の山懐に抱かれたネパールは、世界で最も貧しい国の一つだ。売春目的の人身売買が、大きな社会問題になっている。貧しさゆえである。犠牲者の大半が教育を受ける機会の少ない農村出身の少女で、彼女たちの社会復帰は容易なことではない。県がＪＩＣＡ（国際協力事業団）の要請を受けて、ネパールに蚕糸の専門職員を派遣するという。養蚕技術から製品化まで幅広いノウハウを伝えるのが狙いで、任期は2年。早ければ12月にも出発する。

かつて生糸は、輸出品の花形だった。明治以来、わが国は生糸で外貨を稼ぎ、近代化を進めた。群馬は言わずと知れた養蚕県。最も養蚕、製糸業が盛んな地域で、廃れたとはいえ、今でも繭生産量は全国一を誇る。

ネパールの養蚕は日本の技術援助でようやく緒に就いたばかりだが、人々の寄せる期待は大きい。養蚕だけではない。やがては糸をつくり、織物に仕立てて、輸出する。国づくりの基本に据え、貧しさからの脱皮を図ろうという夢が計画を支えている。

赤城山麓に、わずかに残る上州座繰りによる糸づくりが注目を集めるのも、一つには貧しさが関係している。大規模な投資をせずに、小さな木製の道具一つあれば、糸をひくことができる。手作りの良さが見直される時代に、商品価値の高い製品を生み出せるのも魅力になっている。

群馬に大きな恩恵をもたらした養蚕は、主力産業としての役割を終えようとしている。もう一度、今度は外国で役に立ってほしいと思う。優秀な養蚕技術者が数多く残る本県だからこそできる、国際貢献の見本を示す時でもある。

（2002年10月1日付）

ネパールに派遣されたのは、その後、群馬県蚕糸園芸課絹主幹を務め、群馬県の蚕糸絹業振興の最前線で活躍してきた狩野寿作さん。経験豊富な絹産業のスペシャリストとして、現在も多方面で活躍している。

高山社の資料が歴博に

民俗学者の柳田国男は「全国多数の養蚕者に対して一種の本山たるがごとき地位を占むる」（雑誌『斯民《しみん》』1907年）と称賛した。藤岡市高山にあった日本で最初の養蚕学校、高山社のことである。

高山長五郎が自ら考案した清温育という蚕の飼育法を広めるために設立した。蚕は生き物。飼い方が難しい。養蚕は当たればもうかるが、病気がはやれば財を失う仕事だった。蚕が成長しやすいように蚕室の温度と湿度を調節する清温育は、明治初期の先端技術といえる。

日本ばかりか朝鮮半島や中国、台湾出身の若者が山深い里で学び、技術を持ち帰った。筆者は高山社を取材した時、祖先の学びやを訪れる人が今もいることを知った。残された卒業生名簿に養蚕の壮大なドラマを重ね、小さな学校がアジアに与えた影響を思った。

27年に廃校となったが、高山の子孫らによって資料が保存され、2000年11月に県立歴史博物館（高崎市岩鼻町）に持ち込まれた。その数1万3916件。寄付台帳、教科書、書簡、写真、蚕模型…と、学校の全体像を探るのに欠かせないものが多いという。

収蔵庫に収められた資料の山はようやく整理が終わり、寄贈手続きを経て、新収蔵資料展として来月公開される。その後一般の閲覧が可能となる。

養蚕農家は減少の一途だが、かつて桑畑は本県の象徴的な風景だった。養蚕、製糸、織物は本県を代表する産業として発展し、県民に恩恵をもたらした。栄光の時代を担った高山社に光が当たれば、と思う。資料公開が、そのきっかけになればうれしい。

（2003年1月25日付）

養蚕技術の研究、伝習の場にもなっていた高山長五郎旧宅は、「高山社跡」として2009年、国の史跡に指定された。2014年、世界文化遺産に登録された「富岡製糸場と絹産業遺産群」の構成資産となり、保存、活用が進められている。

藍田正雄さんの挑戦

江戸小紋師の藍田正雄さんが群馬町の工房で新しい試みに挑戦している。座繰り糸で織った白生地に型染めの技法を使って細かい紋様を染める。仕上がった着物は４月に東京・日本橋三越本店で開かれる第43回伝統工芸新作展に出品されるという。

座繰り器による製糸技術は、江戸時代末に養蚕が盛んだった本県で開発され、全国に普及したものの、養蚕の衰退とともに姿を消した。今では赤城山麓にわずかに残るだけだったが、手作りのよさが見直され、座繰りの糸づくりを仕事にする若い女性も現れている。

ところが、食べていくとなると大変だ。藍田さんは彼女たちのために一肌脱ごうと考えた。藍田さんは同展の常連。染織家としての評価も高い。出品すれば座繰り糸も注目されると踏んだ。注文が全国から来るようになれば、彼女たちも助かるだろう。

繭はもちろん本県産。糸づくりの道具もメード・イン・グンマ。桐生の機屋で織り、藍田さんが染める。群馬づくしの作品が認められれば、養蚕の衰退にも少しは歯止めがかけられるかもしれない。こんな思惑もあった。

「これからが大変。いくらいい糸を作ったって、売れなけりゃしょうがない。みんなが生活できるようにならなけりゃ…」。自分を「職人」と言い切る藍田さんの言葉は、苦しい時代を生き抜いてきただけに重みがある。

今回出品するのは薄茶色にぼかし上げ、精密な紋様で染めた着物。菊や桐の花などをデザインした江戸時代から伝わる紋様だという。「柄もはっきり出ているし、染まりもいい」。藍田さんは確かな手応えを感じている。

（2003年3月2日付）

藍田正雄さんは1940年、茨城県生まれ。父の指導で江戸小紋の修行を開始。77年に旧群馬町に工房を構え、日本伝統工芸染織展文化庁長官賞など数々の賞を受けた。海外でも実演し、後進の育成にも力を尽くした。2017年、77歳で逝去。

横浜に中居屋重兵衛の記念碑

１８５３（嘉永６）年６月３日、米国東インド艦隊司令長官、ペリー提督率いる４隻の黒船が浦賀沖に現れた。今年は、徳川幕府崩壊の契機となったペリー来航１５０周年にあたる。

日米修好通商条約などに基づき、横浜が開港したのは59（安政６）年６月２日。港の要件となる水深もあり、市街地化できる新田もあったことから、開港後の横浜は急速に発展した。

その横浜の礎を築いた一人に嬬恋村出身の貿易商、中居屋重兵衛（１８２０～61年）がいる。江戸・日本橋に店を構えていたが、開港とともに間口50メートル、２階建て銅瓦ぶきの豪壮な店を横浜に築き、外国人に生糸などを売り込んで巨万の富を得る。

本県の養蚕や製糸は、横浜開港をきっかけに大きく発展した。これも重兵衛の力に負うところが大きい。その功績をたたえようと、今秋、横浜に記念碑「中居屋重兵衛・横浜開港メモリア」が建立される。嬬恋村と中居屋重兵衛顕彰会が、同市中区の中居屋店舗跡（日生横浜本町ビル付近）に建て、同市に寄贈する。

顕彰会事務局長の安斎洋信さん（72）は「かつて上州と横浜を結ぶシルクロードがあった」という。輸出の目玉となった生糸が水路や中山道などを通って県内から横浜へと運ばれる一方で、西洋の技術や文化が本県にもたらされた。

この絹の道の起点となった本県は、上毛かるたに「繭と生糸は日本一」とあるように、日本を代表する養蚕、製糸県だった。今や桑波も消え、その面影は薄れた。しかし、重兵衛の時代に思いをはせると、横浜の活況とともに、養蚕や製糸を支えた上州人の活気が伝わってくる。

（2003年6月3日付）

中居屋重兵衛の出身地、嬬恋村と横浜市中区は2016年2月、友好交流協定を結んだ。それまでも重兵衛を顕彰するイベントを通して交流を深めてきたが、行政レベルだけでなく、住民同士の関係をさらに深めるため締結した。

銘仙復活の兆し

58年前の8月14日深夜、伊勢崎市は米軍機の空襲によって、市街地の40％を焼失する被害に遭った。当時の本紙は「六十機のＢ29が県内に飛来、伊勢崎市には約三十機が侵入した」と報じている。

この空襲で、近代的な建物だった伊勢崎織物同業組合事務所も焼失した。１８９１(明治24)年3月に完成したこの事務所は、当時としては珍しい2階建ての洋式建物で、織物のまちの隆盛を後世に伝える施設でもあった。

あれから半世紀余り。ただ、手をこまねいていたわけではないだろうが、今の織物業界の地盤沈下は著しく、銘仙で一世風靡《ふうび》した当時の勢いはない。しかし、昨年あたりから、わずかながらだが〝銘仙復活〟の兆しが見えてきた。

着物のリサイクルブームで、市場に出回った銘仙の柄が脚光を浴び、浴衣柄として再登場した。大胆で斬新な柄が、若い女性を中心に見直されたのだ。今年に入ってからは、大手の問屋から新たに銘仙の注文も舞い込んでいる。

着物関連の従事者が多い京都では、和装姿の人を対象に音楽会や展覧会、各種イベントが無料になったり、割引になる制度がある。最近では、1割引きにするタクシー会社も現れるなど、官民一体でアイデアを駆使した和装振興策を展開している。

伊勢崎織物協同組合でも、ネクタイやテーブルクロス、装飾品など新たな商品開発にも力を注いでいるが、どれも起爆剤には程遠いのが実情。だが、銘仙柄が注目されている今、田村直之理事長は「ニュー銘仙で新たな消費拡大を目指したい」と言う。業界の初心に帰った挑戦が注目される。

（2003年8月14日付）

伊勢崎銘仙の一つ、併用絣が2016年、市民有志のプロジェクトにより半世紀ぶりに復活した。併用絣は昭和30～40年代に本格的な生産が終了し、その技法が途絶えていたことから、技術を知る職人の協力を得て、着物用反物を完成させた。

群馬県産絹の利用促進を

上州は〝絹の国〟なんて何度も記事を書いてきた筆者は、冷水を頭からかけられたような気持ちになった。県産絹の利用促進を考えるシンポジウムで司会を務めた時のこと。発言者の一人が「群馬県民の和服への支出は全国で下から2番目」と指摘したのだ。シンポジウムには蚕糸絹業に携わる約70人が出席していた。何とか伝統を守ろうと頑張ってきた人たちだ。驚きの声が上がったのも当然だった。県民が絹文化にそっぽを向いていたのでは活性化はおぼつかない。

問題のデータは2003年3月8日号の『週刊ダイヤモンド』に載っていた。全国消費実態調査（総務省統計局）によると、2人以上の一般世帯の和服への支出（99年）が群馬は月に294円、沖縄の162円に次いで下から2番目。

ちなみに、トップは福井の1935円、島根1929円、岐阜1894円と続く。

上位3県はいずれもかつて機織りが盛んだったところ。大阪（7位）京都（10位）も和服派だから、西日本には和服の伝統が根づいていると言えそうだ。

総じて東日本で和服の支出が低い傾向にあることを考えると、「東」と「西」で伝統文化に対する認識の違いがあるのかと、ちょっとがっかりした。とはいえ、機どころだった群馬としてはほってはおけない。

そこで一つ提言がある。子どもたちに絹の素晴らしさを教える努力を惜しまないことだ。言葉で伝えるだけでなく、実際に触れてもらおう。地道な積み重ねが、将来の消費拡大へとつながるのではないか。絹の文化を守ることは自分たちの歴史に誇りを持つことでもある。

（2003年8月26日付）

このコラムが掲載された日の上毛新聞1面のトップ記事は、群馬県が富岡製糸場を世界遺産にする研究プロジェクトを発足させるという内容。これを機に登録運動が始まり、曲折を経て絹文化への県民の関心は高まっていく。

ブリュナとバスチャン

明治期、政府や民間が招いた「お雇い外国人」は毎年600〜900人もいた。西欧の先進文明を吸収し、封建農業国から近代工業国への転換を遂げた日本にとって、こうした外国人の功績は大きい。

草津温泉を世界に紹介したドイツの医学者ベルツもその一人だが、二人のフランス人技師も忘れてはならない。ブリュナとバスチャンである。

二人は日本初の官営富岡製糸場（富岡市、現片倉工業富岡工場）の建設に深く関わる。富国強兵をスローガンとする新政府が、外貨獲得のため生糸と蚕種の輸出に力を入れたからだ。

製糸技師の首長として雇われたのがブリュナで、器材購入のためいったん帰国、技師と工員教師を連れて帰った。政府は各府県に女子工員の募集を勧告。しかし、応募者は極めて少なかった。「異人たちが女子たちの生き血を絞って吸う」という流言飛語が渦巻いていた。

ブリュナから工場の設計施工を依頼されたのが建築技師バスチャン。２００万個も使った煉瓦《れんが》は甘楽町で焼かれた。日本の職人たちは経験のない材料や工法に戸惑いながらも、創意工夫して完成させた。全国からようやく女子工員が集まり、１８７２（明治5）年10月４日、動力の蒸気機関の音が開業を告げた。

その旧富岡製糸場を日本やアジアの近代産業発展の原点と位置付け、世界文化遺産登録へ向けた研究プロジェクトを発足させると、県が発表した。文化財無指定で民間所有という難題もあるが、養蚕県を象徴する建造物が世界遺産登録への研究対象となったことは、この２人のフランス人技師も草葉の陰で喜んでいることだろう。

（２００3年８月28日付）


富岡製糸場は、１９９２年にまとめられた「群馬県近代化遺産総合調査報告書」で、日本の近代工業の原点であり、歴史的、文化的に極めて重要な建物と位置づけられた。この調査結果が世界遺産登録を目指す大きな根拠となった。

でっかい夢を

赤れんが造りの旧官営富岡製糸場が、町づくりの要になったことは言うまでもないだろう。「富岡市富岡一番地」という住所からも、そのことがうかがえる。

歴史をひもとくと、400年ほど前に代官の中野七蔵が、新田開発に伴って陣屋建設のために確保した土地とも伝えられる。南に稲含山、眼下に鏑川を望む風光明媚《めいび》な場所である。

1872(明治5)年、官営工場が誕生した当時の富岡町の人口は2千人足らず。ちょんまげ姿の住民は、さぞかし度肝を抜かれたに違いない。蒸気機関の動力源、ガラス張りの作業空間など、初めて目にするものばかりだった。

欧州の先進技術をそっくり移入したその工場は、輸出の花形だった生糸の改良、増産を目指す殖産興業政策の柱でもあった。工業立国「日本」の礎を築き、アジアの近代工業化の原点とも言われている。

なぜ横浜港から遠く離れた富岡の地に建設されたのか。答えは、良好な原料繭が確保できるのと、住民総意の承諾が選定要因になったようだ。今も創建当時のままの姿をとどめているのは、まさに奇跡的と言っていい。

新たな町づくりの核として「一連の工場群を世界遺産に」という声が盛り上がっても不思議はない。１３０余年前、製糸場を迎え入れた進取の気性で、でっかい夢を実現したいものだ。

（２００４年６月28日付）

群馬県は２００４年４月に世界遺産推進室を設置したが、プロジェクトに対し、県民の多くはまだ半信半疑だった。コラムの「夢」という言葉には、そんな反応のなか、登録実現に向けて運動を盛り上げようという強い意思が込められた。

経糸と緯糸が織りなす世界

立原正秋の小説にこんな場面があった。いいものが入ったと、出入りの呉服屋が置いていった紬《つむぎ》の反物を見たら、経糸《たて》に生糸を使っていた—。着物が好きな人なら、ハッとする目の付け所だ。

結城《ゆうき》など高級紬は、繭から取った真綿を手で紡いだ糸を、経糸と緯糸《よこ》に使う。だから小説の主人公は、あの呉服屋はこんなものを扱うようになったのかと嘆いた。

染めた糸で柄を織り出すものには紬のほか、お召《め》し、絣《かすり》などがある。古く綾《あや》、錦《にしき》は飛鳥時代が経糸で、奈良時代以降は主に緯糸で文様を表した。今、織物界では経糸を細く粗くし、太い緯糸で柄をつくるのが主流だ。

県立日本絹の里（群馬町）の「群馬の染織作家展」で芝崎重一さん（伊勢崎市）の

作品に目が留まった。経緯の糸で模様を出した絣だが、素材の風合いからも気迫が伝わってくる。

芝崎さんに聞いた。「着物を着れば、経糸にも緯糸にも同じ力がかかる。バランスをよくすれば絹の持ち味を発揮できる」。素材の味、さらに着た人に納得してもらえる着味《きあじ》にこだわる。それが芝崎さんの信念だ。

着物が生活の場から消えて久しい。だからこそ、プロをうならせる仕事が貴重なのだと思う。人生にも置き換えられる、経糸と緯糸が織りなす世界。芝崎さんの作品から一つ教えられた。

（2004年7月7日付）

若いころ、機屋で修業して試行錯誤の末にたどり着いたのが、手回しの座繰り器でひいた糸だったという芝崎重一さん。かさがあるのに軽くて温かい、理想の糸を使った着物は、本物の技を知る人たちから愛され続けている。

養蚕の視点から歴史見直しを

ちょうど120年前の11月、富国強兵を進める明治政府を揺るがす大事件が埼玉県秩父地方で起きた。生糸暴落と増税に苦しむ養蚕農民が「自由自治元年」と書かれたむしろ旗を掲げて立ち上がった。

県内でも上映会が始まった自主製作映画『草の乱』（神山征二郎監督）は、〝暴徒〟のレッテルを張られ、歴史の闇に葬られた武装農民たちが主役。生き残った幹部の追想で事件の真相が語られる。

蜂起した1万人が困民党を組織し、高利貸や郡役所を襲い、一時、「解放区」をつくったものの、10日足らずで軍に鎮圧され、死刑12人を含む4千人が処罰された。

映画では詳しく描かれていないが、養蚕先進県の群馬側からも多数の参加者がいた。

その中の一人で後に県議を務めた小泉信太郎（藤岡市）が、思い出を上毛新聞記者に語っている（1928年9月14～17日付）。

小泉は足に残る銃創を示しながら、一隊に加わったいきさつを話し、事件後隠れていた旅籠《はたご》の2階から数珠つなぎに連行されていく戦友を悔し涙を流しながら見ていた、と告白している。

富岡製糸場を世界遺産に登録しようと県が運動を始めた。これを機会に養蚕の視点から本県の歴史を捉え直してみてはどうだろう。きっと秩父事件にも新しい発見があるはずだ。

（2004年11月14日付）

古くから養蚕、織物で栄えた埼玉県秩父地方出身の戦後日本を代表する俳人、金子兜太氏は、「富岡製糸場と絹産業遺産群」の世界遺産登録の際、「秩父事件と富岡製糸場の建設は日本の近代の目覚めを告げるもの」と述べた。

お雇い外国人に光を

明治政府が高給を約束して招いたお雇い外国人が日本の近代化に果たした役割は大きい。富岡製糸場を任せられたフランス人技師ポール・ブリュナもその一人。いくつかの候補地の中から富岡を選び、創業の１８７２年からおよそ3年間、家族とともにとどまり、先端技術を伝えた。地下貯蔵庫を備えたれんが造りの屋敷は、当時の姿のまま残っている。

ブリュナという名前は近代化の〝恩人〟の一人として、もっとたたえられていてもいい存在なのに、不思議なことに帰国後の足取りをたどるのは意外に難しいという。中国・上海に招かれ、長く製糸工場の指導に当たり、30年余を経て富岡再訪を果たしたことで日中の近代史にわずかに顔をのぞかせるだけ。歴史の表舞台からひっそりと消えている。

富岡に来る前のブリュナは30歳を少し超えた生糸検査人にすぎない。明治政府の期待の大きさほどには、母国で知られていなかった。消息が分からない理由の一つは日仏間の知名度の差にあるのかもしれない。

旧製糸場の世界遺産登録を目指す運動が盛り上がる今だからこそ、せめて、子孫にたどりつく手掛かりを探せないだろうか、と思う。お雇い外国人の光と影に迫ることは明治という時代にもう一度スポットライトを当てることにもつながる。

(2005年5月12日付)


富岡市のその後の調査で、ブリュナの離日後の足跡が判明した。赴任した上海で、製糸場設立に関与、フランス租界の市議会議長職を4度務め、フランス最高勲章を受章するなど、日中で多くの功績を挙げ国家レベルで評価されていた。

富岡製糸場が国史跡に

横川～軽井沢間に、日本初の電気機関車が走ったのは1912（明治45）年の5月。鉄道電化の幕開けである。碓氷峠はトンネルが多いため、乗客や乗務員は蒸気機関車の排煙に悩まされていた。

煙を吐かない機関車が碓氷峠を上り下りし、乗客はめがね橋などで窓を開けて新緑を楽しんだに違いない。導入されたのはドイツ製機関車。輸送力は飛躍的にアップした。

時代はさらに40年さかのぼる1872（同5）年、蒸気機関で器械を動かす最新鋭の製糸場が富岡に完成、操業を開始した。器械はフランス製。明治政府が殖産興業政策の一環として設立した官営模範工場だ。

その旧富岡製糸場を北谷《きたやつ》遺跡（群馬町）とともに国史跡に指定するよう答申があった。小学校の教科書に「日本の近代産業発祥の施設」として、明治時代の錦絵入りで紹介されている建物群である。

答申にあるように、わが国近代の経済・産業史を理解する上で貴重な遺跡だ。この指定を足掛かりに、世界遺産登録に向けた機運を一層高めたい。

古墳時代の大規模な豪族居館跡である北谷遺跡のように、古代の遺産に恵まれた本県だが、めがね橋をはじめとした碓氷峠鉄道施設（国重文）など、誇れる近代化遺産も多い。登録に向けては、これらの遺産も一連のものとして保護したい。

（２００５年5月21日付）

富岡製糸場は２００５年、国史跡に指定されたのに続き、２００６年には国の重要文化財にも指定され、２０１４年6月に他の３つの構成資産とともに世界文化遺産登録。そして、同年12月には県内で初の国宝に指定された。

復興に燃えた青年たちの気概

亡父の書棚から、１９５６年に佐波蚕業青年研究会が発行した会報『研究會《かい》だより』第３号を見つけた。旧官営富岡製糸場の国史跡答申があったばかりで、胸を躍らせて表紙を開いた。

巻頭のあいさつ記事。「原子力が吾々《われわれ》の生活の中に利用されて行くと云《い》う科学の力が無限に進むとき、吾が『養蚕業は何処《どこ》へ行く』という批判と反省は、強く吾々の胸にひびく警鐘である」

終戦から10年余。当時は養蚕が飛躍的に伸びた復興期だった。研究会に入っていたのは、６００人余りの働き盛りの養蚕経営者たち。敗戦と混乱を乗り越え、前途に光明を見いだしたことだろう。

ガリ版刷りの会報はＡ５判・52ページ。桑と土づくりの方法、多収穫桑園や収繭率トップとなった30歳経営者のルポ、蚕品種の解説、コラム「お蚕さま」などを収録。筆致から、当時の養蚕農家の息遣いや気概が伝わってくる。

大戦では青壮年男子の多くを失った。巻頭の記事は「蚕飼いは老人と女の仕事という惰勢《だせい》が続く限り、蚕糸業の行き場がなく消えさることとなろう」と記し、科学する心と情熱に富む若い養蚕経営者たちを鼓舞する。

彼らの成長によって、隆盛した養蚕業と、それにまつわる文化や民俗は、半世紀たった今、細々と残る。鉄筆のメッセージを読み返しつつ自問自答している。

（２００５年５月28日付）

「富岡製糸場と絹産業遺産」の大きな特徴は、その価値を群馬県民の多くが共有できること。現在は直接関わっていなくても、何代か遡れば、絹産業に何らかの形で携わっており、そのことが登録運動を支える力になった。

糸の街の面影

「廃業の繭一粒をわれのみの密《ひそ》かなる宝と箱に納むる」。片倉敏子さん（前橋市）は24年前、家業の製糸工場を廃業した時の思いをこう詠んでいる。

同市はかつて〝糸の街〟として栄えたが、その面影を現在の市街に求めるのは難しい。繭や糸を貯蔵したれんが倉庫も、ほとんど姿を消し、人々の記憶の中にかすかに残るだけである。

しかし、昨年度の養蚕統計によると、同市の収繭量は56・7トンと、安中市を抜いて全国市町村のトップ。最盛期と比べれば、見る影はないものの、日本一の養蚕地帯であることに変わりはない。

県都前橋でなぜ…と首をかしげる県民に用意する答えは簡単だ。赤城南麓の大胡、宮城、粕川の3町村が合併し、統計を押し上げたのが理由で、安中市と松井田町の来年の合併により、トップの座は奪い返されそう。

梅雨の晴れ間に、前橋市滝窪町の養蚕農家の蚕室をのぞいた。夏蚕が稚蚕飼育所から届いたばかり。小さな蚕が懸命に桑の葉を食べる姿に、形のよい大きな繭を作ってほしいと願った。

日本の近代化を支えた養蚕製糸業も残っているのは本県のほかわずか。安い外国産に押されて、将来の展望が見えず、高齢者の頑張りに頼っている。もっと繭づくりの現場を知ってもらいたいと思う。それが養蚕を守ることにつながる。

（2005年7月5日付）

富岡製糸場が操業を始める2年前の1870（明治3）年、日本で最初の器械製糸工場が建設された。藩営前橋製糸所で、スイス人技師の指導を受けて近代的な器械製糸を導入。高品質の前橋産生糸は「マエバシ」と呼ばれ、高い評価を得た。

時代を駆け抜けた一人の女性

伊勢崎市境島村は明治の初め、蚕種の輸出で栄え、「新地島村に黄金の雨が降る」と言われた。小さな村は世界とつながり、キリスト教がもたらされた。戦後、国会議員として初めてソ連・ハバロフスクの強制収容所を訪れ、邦人帰国に力を尽くした高良《こうら》とみには、「島村の精神」が脈々と受け継がれていた。とみはイタリアに蚕種を直輸出した田島弥平のひ孫に当たる。

とみの次女で詩人の高良留美子さんが著した『百年の跫音《あしおと》』（御茶の水書房）は、田島家の女性たちが政治とキリスト教に目覚め、日本の近代史にいかに関わったかを明らかにする。

留美子さんは序文で司馬遼太郎の明治史観と異なる物語に仕上がったとし「これが

蚕種という〝生きもの〟や鉄道・土木という〝物〟にかかわった人たちの物語であり、近代を生きようとした女たちの物語でもあるからだろう」と記す。

西欧思想をいち早く取り入れた島村の人々は、女子の教育にも財を惜しまなかった。戦前、とみがアメリカ留学を果たせたのも田島家の力強い資金援助があったからに違いない。

男女共同参画社会に向けた行政や企業の取り組みが盛んな今こそ、男女平等が当たり前でなかった時代を駆け抜けた一人の女性にスポットを当ててみたい。そのルーツは上州の養蚕につながる。

（2005年9月7日付）

高良留美子さんは、田島弥平の長女、民が明治初期、養蚕の世話をするため皇居に出仕したときの日記『宮中養蚕日記』も2009年にまとめた。自由闊達に行動する女性たちの実像がわかる貴重な資料である。

六合村赤岩地区が重伝建に

古い家並みが残る近県の街としては長野の海野宿、妻籠《つまご》宿、奈良井宿が有名だ。いずれも昔ながらの宿場町。国の重要伝統的建造物群保存地区に指定されている。六合村赤岩地区が本県では初めてその仲間入りを果たすことになった。養蚕で栄えた過疎の山村だ。母屋や蔵、納屋、石垣、石段、井戸、畑、山、川…集落とその周辺63ヘクタール《ヘクタール》が保存の対象となる。

土壁の蔵が目立つ細い道を歩いた。幕末、蘭学《らんがく》者の高野長英をかくまった湯本家におじゃました。シダレザクラのつぼみが赤みを帯びている。春の遅い山村ではこれからサクラとモモ、ウメの花が一斉に咲きそろうという。

対象区域での改修や新築は村教委の許可が必要となり、保存のための補助がある。

長い歳月をかけて、昔ながらの景観を復元していくのが狙いだが、住民の総意がなければまとまる話ではない。

　時代劇の映画のセットを模したような家並みを再現するだけでは物足りない。そこに生活する人々の息吹が聞こえてくる山村の暮らしを全国に向けて伝えてもらいたい。

　併せて富岡市の旧官営富岡製糸場の建造物群も国の重要文化財に指定されることになった。いずれも世界遺産登録を目指す本県の絹業遺産群の候補地である。古里の文化や伝統を見直す機運が高まることを期待したい。

（２００６年４月22日付）


「重要伝統的建造物群保存地区」は、歴史ある建物と町並みを一体として、現代的な生活に活用しながら保存する仕組み。１９７５年から始められ、群馬県では、六合村赤岩地区に続き、２０１２年に桐生市の「桐生新町」が選定された。

岡谷市と強い絆

長野県岡谷市と本県はなにかと縁がある。共に製糸で栄えた土地で、人の往来が活発だったためだ。富岡市とは姉妹都市の間柄、今年から人事交流も始めた。岡谷蚕糸博物館には旧官営富岡製糸場で使われたフランス式繰糸機が2釜ある。300釜のうち残るのはこれだけ。岡谷市出身で片倉製糸紡績の社長を務めた3代目故片倉兼太郎が集めたものである。

宮坂製糸所（同市）も本県と強い絆で結ばれている。「上州座繰り」で糸をひき始めて10年。赤城山麓では農家の片隅での手仕事だが、ここではモーターで歯車が回る。平均年齢72歳のおばさんたちが頑張っている。

手づくりの風合いがうけ、工場の主力製品に育った。テレビ放送を見た故小渕恵三首相から激励の〝ブッチホン〟がかかったこともあったという。時代は個性のある糸を求めている。

２００１年に同市で始まったシルク・サミットは桐生市、旧網野町（京都府京丹後市）、横浜市、八王子市（東京都）、駒ケ根市（長野県）と続き、今年は富岡市。世界遺産登録を目指す富岡製糸場で９月に開く。

養蚕・製糸業は安い外国産に押され、衰退の一途とはいえ、〈絹文化〉を守り、伝えようと踏ん張っている地域は各地にある。サミットを通じて未来を語る仲間が増えるのを期待したい。

（２００６年６月28日付）

長野県岡谷市はかつて、生糸の一大生産地として栄え、日本の近代化に大きく貢献した。その原動力は、諏訪式繰糸法、多条繰糸機の開発など、日本の製糸業史に刻まれる仕事を残した同市の人々の進取の気性と技術力である。

原風景への切実な思い

〈上州は桑原十里桑の実を喰《た》うべて唇《くち》を朱《あけ》に染めばや〉。４年前、95歳で亡くなった前橋出身の詩人、伊藤信吉さんが著書『風色の望郷歌』などで共感を込めて引用した歌である。

大正期、旧制前橋中学の校友会誌『坂東太郎』に掲載された「詠み人知らず」の作品という。そんな見渡す限りの桑畑や大きな養蚕農家が、ふと心に浮かぶことがある。群馬の蚕糸業隆盛の時代を知る県民の多くが共有する「原風景」なのではないか。

その風景を目の当たりにした。かつて日本屈指の「蚕種村」として知られた伊勢崎市境島村の、築１４０年もの養蚕農家を訪れたときのことだ。瓦ぶきの屋根には通気を良くするために設けられた櫓《やぐら》がある。

島村には同様な造りの養蚕農家が多く残されてきた。しかし近年、その数が減り、蚕種村のシンボルである櫓も建て替えなどで撤去される例が増えている。危機感を募らせた住民は昨年12月、島村の伝統を後世に伝えることを目的に「ぐんま島村蚕種の会」を発足させ、今月からは歴史を物語る養蚕農家群の現状や資料を記録し、保存へとつなげる活動に乗り出す。

会員たちの熱のこもった言葉からは、進取の気性に富んだ先人や土地への誇りとともに、辛うじて残る原風景を失いたくないという切実な思いが伝わってくる。

（２００６年７月３日付）

前橋市元総社町の養蚕農家の長男として生まれた伊藤信吉さんは、幼いころから見慣れた桑畑の風景をこう表現した。〈五月の上州は桑の海原になった。村々を埋める桑畠（略）日永の陽の色も、桑の色と匂いに染まった〉（『風色の望郷歌』）。

第2章（2007〜2013年）

誇りと愛着

絹文化の豊かさを伝えて

三山春秋

「富岡製糸場と絹産業遺産群」と初めて聞き、新鮮な驚きを感じたのを覚えている▼2006年、本県絹産業遺産の世界遺産登録を目指す県の構想案で設定された遺産10件の名称だ。「遺産群」とあることで、忘れられつつあった群馬特有の貴重な絹遺産が今も県内全域

2007年	1月	文化庁が「富岡製糸場と絹産業遺産群」を世界遺産暫定リストに選定
2008年	4月	農林水産省が蚕糸絹業の支援制度を大転換
2011年	6月	世界遺産委員会で「平泉の文化遺産」の登録決定
2011年	10月	「富岡製糸場と絹産業遺産」の構成資産を4資産とすることが確定
2011年		群馬県産繭の生産量が100トンを割り込む
2013年	6月	「富士山」が構成資産を削ることなく世界文化遺産に登録
	9月	イコモスが「富岡製糸場と絹産業遺産群」の現地調査

きた▼翌年、これが国内暫定リスト入りして以後、専門家により構成資産の検討が行われるなか、「顕著な普遍的価値」をより明確にするために絞り込みが続けられた▼先週、前橋市で開かれた国際シンポジウムで、資産を富岡製糸場と高山社跡（藤岡市）、荒船風穴（下仁田町）、田島家住宅（伊勢崎市）の4件にすることが正式に決まり、来年度にもユネスコに推薦書を提出することも確認された▼注目したのは、世界遺産委員会議長経験のあるパネリストが「構成資産以外の絹産業

世界遺産国内暫定リストに

京都府の舞鶴市立赤れんが博物館に旧官営富岡製糸場のコーナーがある。古いれんががが2個。バックに工場の写真と創業当時の錦絵が飾られている。

隣は明治政府の中央図書館だった内閣文庫（博物館明治村＝愛知県犬山市）、その隣が世界遺産の原爆ドーム（広島市）のコーナーだ。れんがの歴史は日本近代化の歴史でもある。博物館も旧海軍魚雷庫を改修した建物だ。

製糸場コーナーの前で「やはり富岡は本物」とうなずいたのを思い出す。近くにあり過ぎると、ありがたみが分からないこともある。上州の山河、山あいの温泉、豊かな食…。絹文化もその一つだろう。

「富岡製糸場と絹産業遺産群」が文化庁の世界遺産の国内候補として暫定リスト入

りした。推進運動が始まった当初、世界遺産の日光の社寺（栃木県）と比べ、見劣りするように感じた。

きらびやかさには欠けるかもしれない。しかし現代社会への影響となると別だ。製糸業が経済をリードした近現代史。キリスト教の普及に伴う精神文化。その風土から生まれた反骨の上州人脈。数え上げれば切りがない。

今後は富岡製糸場を中心に絹産業遺産をどう結ぶか。埋もれていた物語に命を吹き込む仕事はロマンを感じさせるが、やさしいものではあるまい。暫定リスト入りはその一里塚にすぎない。

（２００７年1月24日付）

群馬県が富岡製糸場の世界遺産登録を目指すと発表してから4年。２００７年、国内暫定リスト入りが決まった日を境に、登録に懐疑的だった人たちの見方は、期待し応援する姿勢へと大きく変化した。

懐かしさの価値

通勤途中の道路沿いの風景が、いつもとどこか変わっていた。見慣れた建物が消えていたのだ。屋根の上にやぐらがのっている古い養蚕農家である。

さびしい、というのでもない、どこか釈然としない思いが残った。間もなく跡地で新しい建物の工事が始まり、喪失感はさらに強まった。特別に意識することもなかった建物なのに、なぜこんな思いになるのか。

東大生産技術研究所教授で建築史家の藤森照信さんは著書『天下無双の建築学入門』で〈ふつうの人が建築に心ふるえるのは（略）美しさとか歴史的重要性とかじゃなくて、自分がかつて体験した懐かしい建物を前にしたときなのだ〉と説く。

その「懐かしさ」は、意識の奥で「自分が自分であることの証し」を確認できたときに湧き上がる感情ではないか、とも書いている。
世界遺産の国内候補となる暫定リストに本県の「富岡製糸場と絹産業遺産群」が選ばれた。文化庁の選定理由にこんな記述があった。〈群馬県内には繭の増産を意図した特徴的な養蚕農家群が出現し、桑畑とともに独特の農村景観を生み出した〉
かつては本県のどこにでも見られたこの農村景観が今、存続の危機を迎えている。なくなった建物が気になったのは、その姿に懐かしさを感じ、「心ふるえ」たからなのかもしれない。
（2007年2月6日付）

「懐かしい」という言葉を聞くと、後ろ向きなどと否定的に受け止める人がいる。これに対して、作家の森まゆみさんは、〈「なつかしい」という感情は、人間のみが持つ、文化的な感情である〉と書いている（岩波新書『東京遺産』）。

タウトの富岡製糸場賛辞

ドイツの建築家ブルーノ・タウトが日本に滞在した3年半の日々を記した『日本―タウトの日記』は、読むたびに新しい発見がある。

1935(昭和10)年4月20日、富岡製糸場を訪れた時の感想を記している。〈清《せい》楚《そ》明快でしかも優雅な趣を失わず、実に申分のない、気持のよい作品である。間取もすぐれているし、工場内も極めて清潔な感じである〉

桂離宮などを除き、日本の建築の多くを批判したタウトにしては珍しい賛辞だ。さらにこんな言葉も加えた。〈會《かつ》ては新興日本の曙《あけぼの》が始まったのだ。日本の建築が爾来《じらい》この線を忠実に守ってくれたらよかったのに!〉

「日本の美」を再発見したとされるタウトだが、日記を読んでいると、特別な建物よりもむしろ、ごく普通の人々の生活や技術に引きつけられていることが分かる。

タウトが日本で撮影した写真約1400点と日記を照合した『タウトが撮ったニッポン』（酒井道夫、沢良子編）によると、被写体は日本の風俗、風習、生活に集中していた。

沢さんは〈タウトの眼《め》は（略）現在から未来へと、生活のなかで継承されるべきものの手本、持続するもの、脈々とつながるものに強く注がれていた〉と書く。富岡製糸場に対するタウトの評価は、こんな視点があったからこそ出てきたのだろう。

（2007年3月3日付）


日本滞在中、専門である建築の仕事にはほとんど携われなかったタウトは、高崎を拠点に井上房一郎と工芸運動を展開した。自らデザインした膨大な数の優れた工芸作品は、今も多くの人々を引き付けている。

鼠除けの猫絵

「御、め、え、は今までに鼠《ねずみ》を何匹とった事がある」「実はとろうとろうと思ってまだ捕らない」。夏目漱石の『吾輩は猫である』の冒頭で交わされる〈吾輩〉と車屋の猫〈黒〉との鼠捕り談議。

〈吾輩〉が捕った数を尋ねると「たんとでもねえが三、四十は…」と〈黒〉。だが、捕まえた鼠を横取りする人間に憤まんやる方ない様子で、「この時から吾輩は決して鼠をとるまいと決心した」と続く。

この冒頭部分を思い出させたのは、太田市の東毛歴史資料館（現・太田市立新田荘歴史資料館）で開かれている企画展だ。タイトルは「『猫絵』の殿様―新田岩松氏の描いた猫絵の数々」（来月3日まで）。

会場には、江戸時代中期から明治時代に至るまで４代の殿様が描いた鼠除《よ》けとしての猫絵など60点を展示している。愛らしい猫もいれば、目つきの怖い猫もいる。ただ、描く方としては〈吾輩〉のような心持ちの猫は対象外だったろう。

これらの絵は、いまの群馬、埼玉、長野県などの養蚕農家の所望で描かれた。新田氏、足利氏両家の血筋を引く殿様の手になるものだけに、床の間などから睨《にら》みを利かせた。

明治期に入り、蚕種を海外に輸出する際、猫絵も一緒に送られたことがあるという。養蚕業の隆盛時をしのばせる鼠除けの絵。これも絹産業に関わる貴重な文化遺産であることに変わりはない。

（２００７年５月25日付）

太田市の新田岩松氏歴代当主らが描いた15点の猫絵コレクションは、２０１５年、群馬県が登録している「ぐんま絹遺産」となった。江戸時代の養蚕発展の歴史を反映して、猫の表情は時代ごとに大きく変化している。

座繰り技術を高めた先人

明治初めに建設された官営富岡製糸場は当時、世界で最先端、最大規模の器械製糸工場だった。ところが地元群馬では器械製糸は広まらず、逆に手作業による在来の座繰り製糸が盛んになった。

この推進役が養蚕農家を組合員とする碓氷社、甘楽社、下仁田社（南三社と総称）などの組合製糸だった。座繰り技術は次々と改良され、生産量は富岡製糸場を上回り、品質も高い評価を受けた。この事実をどう捉えたらいいのか。

〈(南三社が）富岡製糸場を範とせずに成長拡大したところに群馬県の製糸業の特性が見いだされる〉。富岡市立美術博物館長の今井幹夫さんは本紙に連載中の「南三社と富岡製糸場」で指摘する。

東大名誉教授の石井寛治さん（日本経済史）は昨年、前橋市での講演会で、保守性、消極性を示すものではなく「着実で現実的な選択」であり「大変困難な問題にあえて挑戦した人々がいたことで際立っていた」と評価した。

群馬のシルクの歴史をたどると、建物だけではなく、関わった人たちの創意工夫、反骨精神もまた大切な遺産であることが分かる。

古い養蚕農家群が残る世界遺産候補の六合村赤岩地区で、遺産を再発見する「シルクカントリーin赤岩」が25、26日開かれる。この地を歩き、引き継がれてきた先人の気概に触れてみたい。

（2007年8月24日付）

器械製糸工場である富岡製糸場が操業を始めた1872（明治5）年以後の群馬県の生糸生産量は、器械製糸が急増することはなく、組合製糸による座繰り製糸が器械製糸を上回り続け、これが逆転するのは1913（大正2）年のことだった。

職人の気概、誇りを受け継ぐ

機を織る仕草《しぐさ》はまさに織機に〝上がっている〟ようだった。本紙連載「私の中のシルクカントリー」の取材で85歳の女性を訪ねた。生き生きと語る機の話は尽きることがなかった。

養蚕、製糸、織物に関わってきた人たちの記憶を貴重な資料として残そうと、昨年五月から始まった連載は３００回を超え、なお続く。〈絹〉に関わる仕事が生活に深く根差し、暮らしを支えてきたことを連載は伝える。

県民自治ネットワークの伊勢崎地域グループが来月12日、同市の絣《かすり》の郷《さと》で、連載に登場した市民たちに呼び掛けて「シルクのまち　いせさき」を語る井戸端会議を開く。分業で織り上げるのが伊勢崎絣。会議には染色、柄を決める絣縛り、縦糸を取りそろえる整経に携わった人や機織りに励んだ女性、境島村の蚕種業を支えた人たちが参加することになりそうだ。

〈絹〉に関わってきた人たちは高齢。県民自治ネットワークのメンバーには「今、聞いておかなければ残せなくなる」という思いがある。だが「残す」だけではない。

職人の気概や誇り、「誰にも負けない」とひたむきに機を織った女性の頑張りを受け継ぎ、伊勢崎のまちづくりに生かす—。そんな思いも込められている。過去に学び、今を見つめ、未来に生かす。市民みんなで受け継ぎたい。

（2007年11月30日付）

絹産業との関わりや思い出を語ってもらう上毛新聞第2社会面の連載「私の中のシルクカントリー」は2006年5月にスタートし、2008年12月まで524回続けられた。この間、県民の絹産業遺産への関心は急激に高まった。

境島小学校の校章

伊勢崎市境島村にある境島小学校の校章は、クワの葉と繭、蚕蛾《かいこが》による正三角形。今月上旬、同校で開かれた栗原知彦さんの講演を聴いて、そのいわれに納得した。島村は江戸末期から明治の初めにかけて蚕の卵、蚕種で栄えた。1875（明治8）年、全村民から募った寄付で校舎は建てられた。「蚕を抜きにして島村と島小は語れない」。言葉には力がこもった。

島村には今も繁栄の象徴といえる、屋根の頂に小窓を設けた大型養蚕農家が数多く残る。栗原さんは養蚕農家の保存・活用を目指して活動しているぐんま島村蚕種の会の中心的な存在だ。

養蚕農家を生かして地域活性化を図るという思いも強い。同校の新年度の児童数は

36人。2学年合わせて1クラス、全校で3クラスの完全複式学級になる。人口増によって複式学級が解消されるのが栗原さんの目標だ。

市教委は昨年から、島村で重要伝統的建造物群保存地区の選定を視野に、養蚕農家の調査を始めた。蚕種の会は県が世界遺産登録を目指す「絹産業遺産群」に、名を連ねることにつながると期待する。

養蚕、製糸、織物産業が一体的に栄えた本県の「絹産業遺産群」のストーリーに、島村の養蚕農家群は欠かせない。住民と行政が一体となって早く仲間入りを果たし、活性化を実現したい。

（2008年2月15日付）


境島小は児童数の減少のため、2016年に閉校し、143年の歴史に幕を下ろした。その後、旧校舎の一部は世界文化遺産、田島弥平旧宅の案内所として整備され、遺産を解説するコーナーとともに、同小の足跡が分かる資料も展示している。

富岡製糸場を残した片倉工業

立ったままでも胸元まで湯があり、底には玉砂利が敷き詰められた大理石の大浴槽。かつて漬かった時の心地よさが忘れられない。台湾総督府（現総統府）の設計者が建築した異国情緒漂う温泉施設だ。

長野県の諏訪湖畔にあり、観光客にも愛されているこの片倉館「千人風呂」は、片倉工業創業当初の社長が開設した。大正末期に欧米を視察した際、住民のための文化福祉施設を見て感銘し、諏訪の人々のためにつくりたいと巨額を投じたという。

それから80年。きのう、本社で上毛賞の贈呈式が行われ、『写真集　富岡製糸場』（非売品）を発行した片倉工業が第5回上毛芸術文化賞・出版部門を授与された。

同社が富岡工場として１９８７年まで操業していた旧官営富岡製糸場の威容を、前橋市出身の建築写真家、吉田敬子さんに依頼して撮影した写真集だ。

操業停止から富岡市に全建造物を寄贈するまでの18年間、同社は保存管理に年数千万円以上を費やしている。壊す考えなど一度も持たず、老朽化と地震など不測の事態への対処に気を配り続けた。

実物はもちろん、写真集に今の姿を留《とど》めて地域にも残したいと願った発行者の思い。千人風呂から脈々と続くそんな〈地域貢献〉の精神がなければ、今日の世界遺産登録へ向けた機運は難しかったろう。

（2008年3月26日付）


片倉工業は1873（明治6）年、長野県旧川岸村（現岡谷市）で座繰り製糸事業を開始。片倉組、片倉製糸紡績、片倉工業と組織変更し拡大。最盛期には国内外に64の製糸工場を構えた。現在は不動産開発、衣料品事業などを多角展開している。

37年かけた養蚕信仰の記録

〈実体験を踏まえ、養蚕農家の人々の目線により近い姿勢で見聞きし、記録を心がけ、ネクタイをしめての調査はしていない〉

安中市下間仁田の前同市文化財調査委員会議長、阪本英一さんが、37年をかけてまとめた『養蠶《かいこ》の神々—養蚕信仰の民俗』（県文化事業振興会発行）に書いている。

養蚕が盛んだった同市の農家の長男として生まれた。物心ついたころから蚕に囲まれて育ち、農繁期には学校を休んで桑くれから、上蔟《じょうぞく》、繭かきまで手伝った。県立蚕糸学校（のち蚕糸高校）に入り、当然のように農家を継ぐつもりだったが、「祖父の決断」で群馬大学への進学を許され、卒業後は中学教諭になった。

養蚕信仰の調査を本格的に始めたのは、県立歴史博物館に異動し、文化財、民俗調査で、かつて接した身近な農家の行事や、祖母らに教えられた記憶のある蚕神に改めて触れた時から。

蚕糸業は衰退の一途で、半世紀前には8万4千戸あった本県の養蚕農家は昨年、471戸にまで減った。「大変な思いで大学に行かせてくれた祖父母らの生きた苦労までもが消されてしまう」。そんな危機感も動機となった。

全国各地を丹念に歩き、実態が見えなくなってしまった事例を掘り起こした同書は、当たりはずれが多く、すがるような思いで豊蚕を祈った農家の息遣いまで伝わってくる労作である。

（2008年4月3日付）


養蚕信仰に関するこれまでの群馬県内の調査事例は思いのほか少なかったという。これに対して強い危機感を持った阪本さんは「信仰の伝承もあいまいになるなか、消え去ってしまう前にと書きとめた」という。

自然への眼差し

清楚《せいそ》な友禅染のスミレの文様に引かれた。高崎市の日本絹の里で来月2日まで開かれている特別展「着物を飾る植物文様と桑の仲間たち」。卓越した職人の技からは、自然をいつくしむ心が伝わってくる。

「染めも織りも農業が基本にある。美しい着物を支えているのは『土』であることを忘れてはいけない」。同館を訪れた日、記念講演会で作家の立松和平さんが語った言葉に、はっとした。

着物がつくられるまでの、桑の栽培や蚕の飼育も、植物から染料をとることもみな、土、自然に関わる仕事なのだ。立松さんは全国各地の染織家を紹介した著書『染めと織りと祈り』でこう書いている。

〈人が自然に向ける眼差《まなざ》しは、今日は衰退し（略）生きる力は弱くなっている（略）染織家が自然に向ける眼差しを、私は学ばなければいけないと思う〉

養蚕が衰退し、県内どこにでもあった桑畑もほとんど見られなくなった。そんななか、「蚕種の村」として栄えた伊勢崎市境島村地区の住民がこの地の原風景をよみがえらせようと、遊休農地を使い桑畑を整備する。昨年は、養蚕農家群が世界遺産候補となっている六合村赤岩地区でも、途絶えていた養蚕の再開を目指し、桑を栽培し蚕の飼育を始めた。

自然が織り成すシルクへの関心の高まりは、弱まった私たちの「生きる力」を取り戻すきっかけになるかもしれない。

（２００８年５月４日付）

六合村赤岩地区（現中之条町赤岩）では、体験型養蚕のため、20アールの桑畑を整備、２００９年から栽培された桑の葉を使った桑茶の販売を始めた。伊勢崎市境島村地区でも整備した見本桑園の桑の葉で作った桑茶で見学者をもてなしている。

蚕の神秘さ

半透明になった蚕が糸を吐く姿を見るたびに、何と不思議なことかと思う。繭から作られる絹製品は自然の神秘的な営みに支えられているのである。

〈蚕はその息づかいを糸にのこして、小さな命とひきかえに、純白のつややかな糸をわれわれにあたえてくれます〉。著書『一色一生』でそう書く染織家で紬《つむぎ》織りの人間国宝、志村ふくみさんの、植物を使った染めの技術の基本にあるのも〝自然の声〟に耳を傾ける姿勢だ。

粉雪の舞うころ、志村さんは桜を切っている老人から枝をもらった。煮出して染めると〈ほんのりとした樺桜《かばざくら》のような桜色〉になった。ところが9月に切った大木では匂い立つ色は出なかった。

〈その時初めて知ったのです。桜が花を咲かすために樹全体に宿している命のことを。一年中、桜はその時期の来るのを待ちながらじっと貯《た》めていたのです。知らずしてその花の命を私はいただいていたのです〉

衰退する蚕糸業を再生させるため、農林水産省が今春、蚕糸・絹業の提携を強化する緊急対策事業を始めた。目指すのは、特色ある高品質な純国産絹製品づくりだ。

そこで欠かせないのは、生糸という素材のもつ神秘さへの感受性なのではないか。志村さんは書いている。〈植物自身が身を以《もっ》て語っているもの（略）こちら側にそれを受けとめて生かす素地がなければ、色は命を失うのです〉

（2008年6月2日付）

1982年、水上町・藤原中学校の生徒が教科書に紹介されていた志村ふくみさんの染織の技術に感動し、手紙を書いた。これを受けて志村さんは同中で染色を実演、生徒が染めた糸で着物を織りあげて学校に届けた。

生糸を運ぶ道

幕末から明治にかけて日本の最大の輸出品だった生糸は、主産地の上州から横浜港まで大量に運ばれた。その時代、どんな流通経路があったのか。

1859（安政6）年の横浜開港から2年後に作成された前橋藩の文書によれば、利根川の平塚河岸（伊勢崎市境平塚）から船に積み込まれた前橋の生糸は、利根川と江戸川の分岐点に位置する関宿（千葉県野田市）などを経由。江戸深川（東京都江東区）にある藩の蔵まで運ばれ、そこから船で横浜の貿易商のもとへと送られた（『前橋市史　第3巻』）。

当時の中心的な水路だが、このほかに陸路もあり、中山道、東海道や、八王子街道、日光裏街道など、産地によって横浜に通じるさまざまな道が使われた。そうした〝日本のシルクロード〟とともに発展していった沿線地域には絹産業を支えた技術や人々の物語が残されている。
先月、生糸の産地や交易路だった本県をはじめとする6都県の自治体など37団体が「絹の道都市間交流連携会」を設立した。来年の横浜開港150周年記念イベントに共同参加するためで、絹をキーワードに県境を越えて自治体同士が広域連携を図るのは初めてのこと。
世界遺産登録を目指す群馬の絹産業遺産群とこれら各地域とのつながりは深い。相互交流を図ることで、保存、研究や地域づくりに新たな視点が生まれる可能性がある。

（2008年11月5日付）

絹をテーマにした広域観光を推進するため、2016年、群馬県の富岡、伊勢崎、藤岡市、下仁田町と埼玉県の本庄、深谷、熊谷市の7市町が「上武絹の道運営協議会」を設立、一体的な広報宣伝やツアー商品、土産物の開発に取り組んでいる。

諏訪式繰糸機

木製の小さな器械が目に留まった。長野県岡谷市の市立岡谷蚕糸博物館に展示されている「諏訪式繰糸機」。素朴なつくりだが、大きな存在感がある。

地元の製糸結社、中山社によって開発されたのは、旧官営富岡製糸場が操業を始めた3年後の１８７５（明治８）年のこと。当時日本に導入されたイタリアやフランスの先進的な技術を取り入れた折衷型で、繰糸鍋を銅ではなく陶器製にするなど、簡易化、実用化のためにさまざまな工夫が凝らされた。

画期的なのは、良質な糸の生産を可能にするとともに、高価だった外国製と比べ、製造費用を大幅に下げたことである。同博物館によれば、富岡製糸場のフランス式繰糸器を１釜作る費用で33釜も製作できたという。

これをきっかけに効率的な繰糸法が確立され、工業生産体制が急速に整い、89年の長野県の生糸生産額は、本県を追い抜き全国1位になった。

明治末には、輸出生糸の出荷上位10社のうち6社を岡谷の製糸業者が占めた。「諏訪式」は本県とともに蚕糸業によって日本の近代化を支えた長野県の、ものづくりの原点となる技だった。

同博物館にある繰糸器の隣には、やはり全国に普及した、本県の在来製糸技術の象徴である「上州座繰り器」が並ぶ。それぞれの来歴、果たした役割は異なるが、製糸にかける先人たちの熱い思いがこもっている。

（２００９年3月13日付）

諏訪式繰糸機は岡谷の製糸業者、武居代次郎が１８７５（明治8）年に開発した。富岡製糸場がフランスから輸入した金属製の繰糸機だったのに対し、機材は木製で釜を陶器にするなど簡易化、製造費を30分の１に抑えられ、全国に普及した。

高山長五郎の情熱と合理精神

緑野郡高山村（現藤岡市）の高山長五郎（1830～86年）が、「温暖育」と呼ばれる養蚕飼育に取り組む甘楽郡魚尾《よのお》村（現神流町）の岩崎竹松を訪ね、教えを受けたのは、今から150年ほど前のことだ。

養蚕の質を高める研究に明け暮れていた二人は大きな刺激を受け合ったに違いない。長五郎は間もなく、温暖育と佐位郡島村（現伊勢崎市）の田島弥平が考案した「清涼育」を折衷する形で「清温育《せいおんいく》」という全国標準となる飼育法を確立した。

近世の養蚕は天候に左右され、成功するかどうかは神頼み。病気にかかりやすい蚕は「運の虫」とされた。

この域を脱するために長五郎は古今の養蚕書に当たり、各地の養蚕家に足を運んで直接、飼育の工夫を学んだ。その上で何度も手痛い失敗を重ねた末にたどり着いたのが清温育だった。

１８８４（明治17）年に「養蚕改良高山社」を設立。養蚕学校をつくって清温育を県内外に広め、のちに全国一の養蚕指導組織に発展させる。その原動力は、私財を投じて開発に打ち込んだ長五郎の並外れた情熱と合理的精神である。

世界遺産登録を目指す「富岡製糸場と絹産業遺産群」の一つで、長五郎の生家でもある「高山社跡」が文化審議会から国史跡の指定を答申された。建物はもちろんだが、養蚕普及に挑んだ長五郎らの精神こそ、後世に引き継ぐべき大切な遺産だろう。

（２００９年5月22日付）

高山長五郎の功績を顕彰するため、藤岡ロータリークラブが２０１４年に長五郎の銅像を建立した。明治時代末に建てられたことがあり、１００年ぶりの再建。現在、高山社情報館（藤岡市高山）前にある。

茂木惣兵衛と原善三郎

茂木惣兵衛と原善三郎。横浜開港後の代表的な生糸売込商であり、明治期の横浜の基盤づくりを担った人物としても知られている。

茂木は高崎、原は本県に接する埼玉県渡瀬村（現神川町）でともに1827年に生まれた。全国一の生糸産地・上州の糸を扱い、たたき上げで活路を見いだして成功を収めた苦労人であり、銀行頭取などを務めて経済界の指導者として活躍したことでも共通する。

「生涯のライバルであると同時に、良き理解者でもあった」（本紙連載「絹が来た道」6日付）2人には、独自の経営理念を示すさまざまなエピソードがある。

4月に出版された『横浜開港時代の人々』（紀田順一郎著、神奈川新聞社刊）でも

2人を取り上げ、若き日の原について、品質への自信から「安易な追従や世辞は一切口にしなかった」とし、茂木が晩年に手掛けた社会事業に触れ、「陰徳ということを地でいく、温厚で謙虚な人物であった」と捉える。

横浜港と生糸産地との交流の歴史を紹介する「横浜につながる絹の道展」が来月12日まで横浜市の赤レンガ倉庫で開かれている。先週は「群馬ウィーク」として、絹産業遺産を解説するパネルや絹製品が展示された。

横浜で活躍した売込商の多くは養蚕地の出身者。その象徴である2人の歩みをたどると、群馬と横浜とのつながりの深さが改めて実感できる。

（2009年6月19日付）

原善三郎（1827〜99年）は、横浜で活躍した生糸売込商のなかでも最も成功した人物。商才とともに、指導力も買われ、横浜生糸改良会社の社長、第二国立銀行頭取、横浜商法会議所会頭などの要職に就き、衆院議員、貴族院議員なども務めた。

進化するシルク

高崎市金古町の日本絹の里で開かれている企画展「進化するシルク」の展示は、これまで絹に対して抱いていたイメージを大きく広げてくれる内容だ。

特に目を引いたのは、近年、研究が進んでいる遺伝子組み換え蚕（ＧＭ蚕）がもたらした成果。絹糸でできた人工血管用基材は、細胞付着性を高めることにより実現したという。

クモの糸の遺伝子を組み込んだ蚕によるスパイダーシルクにも驚かされた。丈夫で独特の風合いをもっており、靴下などへの商品化が進められている。極細繊度絹糸や、クラゲとサンゴの蛍光遺伝子を使った蛍光絹なども興味深い。

こうしたＧＭ蚕を活用した技術を新産業の創出につなげるため、県は「遺伝子組換えカイコ実用化推進会議」を先月設置した。民間企業と共同でＧＭ蚕の大量飼育や絹タンパク質を使った検査試薬などの研究を進めていく。

これにより、繭・生糸価格の低迷で生産量が減り続け窮地に立つ日本の蚕糸業を存続させる手だてに、という狙いがある。全国一の蚕糸県であり、これまでオリジナル蚕品種の開発など最先端の研究を積み重ねてきた群馬ならではの取り組みだ。

衣料に限らず医療用材料、化粧品、食品まで用途が広がる絹。新技術と絹の文化を守ろうという県民の思いが重なることによって、さらに思いもよらない可能性が生まれるのではないか。

（２００９年９月18日付）


ＧＭ蚕の実用化に向けた取り組みは、蚕糸業の存亡をかけた試みの一つ。それを可能にするのは、絹の国群馬として積み上げてきた最先端の遺伝子研究があったからこそ。伝統産業、技術を守るという特別な意味をもつプロジェクトになっている。

上州座繰りへの関心の高まり

「群馬の座繰り糸作品展」という展覧会名に引かれて先週、前橋市内の画廊を訪ねた。手作業による座繰り糸ならではの温かみのある作品の質と、技術を今に生かそうとする人たちの熱気に驚かされた。

出展したのは、蚕糸業への新規従事者を養成するために県蚕糸技術センターが2007年から行っている「絹へのふれあい体験学習講座」の修了者ら18人。習った技術を高めながら、養蚕から染色、織りも手掛けて反物、ストールやバッグにまで仕上げる人もいる。

衰退する日本の蚕糸業をめぐる環境は厳しさを増している。その一方で、群馬の製糸を象徴する伝統技術に注目する人が増えている。

江戸・寛政年間に発明されたとされる木製の上州座繰り器は、器械製糸移入後も時代の変化に応じて改良され、全国一を維持する群馬の生糸生産を支えた歴史をもつ。

先人たちの創意工夫の結晶とも言えるこの技術の価値を訴えてきた「絹の会」会長の西尾仁志さんは、上毛新聞オピニオン欄で〈誇るべき座繰り製糸を、文化財として後世に残す手だてを〉と提言した（3月5日付）。

作品展に参加した男性の一人が言う。「趣味の域ではあっても、取り組む人の数が増えれば大きな力になるのでは」。座繰りへの関心の高まりが、蚕糸業の存続に向けた新しい流れをつくるきっかけになるかもしれない。

（2010年4月3日付）

座繰り器でひいた糸と器械で繰った糸の違いは何か。座繰りは、手作業のために空気の層ができる。これにより布になったとき、器械製糸にはない柔らかく温かみのある質感が生まれるのだという。

村松貞次郎さんのメッセージ

1990〜91年度に全国で初めての近代化遺産総合調査が本県で行われ、養蚕・製糸・織物関連の貴重な近代化遺産の存在が明らかになった。

主任調査委員として指揮を執ったのは、東京大名誉教授（近代建築史）の故村松貞次郎さん（1924〜97年）。成果は「富岡製糸場と絹産業遺産群」の世界遺産登録運動につながっていく。

77年に出版された『日本近代建築の歴史』（現・岩波現代文庫）で村松さんは、旧官営富岡製糸場について記している。〈ほとんど創建当初のまま百年余を経過し、しかも当初設定された建築機能をそのまま現在も使用されているのは驚くべきことである〉と。

同書には幕末のグラバー邸（長崎）から大阪万博の建造物まで〝時代の証言者〟ともいえる住宅や学校、オフィス、工場などが取り上げられているが、当時、それらの遺産は次々に取り壊されていた。

終章では〈百年の栄光も、うたかたの如く消え去る〉の表現で、〈建てては壊し、また建てる〉を繰り返してきた近代日本の建築の歴史を憂えた。

その村松さんにとって近代化遺産の調査と保存は、起死回生の思いで取り組んだ晩年のテーマだったのではないか。94年の前橋のシンポジウムでは、「近代化遺産を通して地域の物語を見つけてほしい。その主役は市民である」と呼び掛けた。きょうは村松さんの命日。

（2010年8月29日付）

村松貞次郎さんは大工道具や職人技の調査・研究にも力を注いだ。近代化遺産の保存を訴えたのは、建物とともに、建築に関わった職人の仕事や道具にも光を当てたいという思いがあったのではないか。

天然の冷蔵庫

下仁田町南野牧の「荒船風穴」までたどり着くと、それまでの蒸し暑さはうせ、ひんやりとした空気が体を包んだ。

岩の間から吹き出る冷気を使って蚕種（蚕の卵）を冷やした「天然の冷蔵庫」の威力を昨年夏、初めて体感した時の新鮮な驚きは忘れられない。

この現象に注目したのが地元の庭屋静太郎、千寿親子だった。1905（明治38）年、土蔵式の蚕種貯蔵施設を建設。蚕種を木箱に入れて保管することでふ化を遅らせることができ、養蚕の複数回化が可能になった。

施設を3基に増やして日本最大の収容能力となり、全国33府県から委託を受けた。やがて電気による冷蔵の普及で利用されなくなるが、世界遺産登録を目指す「富岡製糸場と絹産業遺産群」の一つに挙げられ、養蚕の近代化を推進した貴重な文化財として注目されるようになった。

日本絹の里（高崎市）の特別展「群馬の風穴と蚕種」で、荒船風穴の復元模型やその歴史資料が紹介されている。3層構造による優れた温度調整技術に改めて目を見張らされる。

福島第1原発事故以後、自然エネルギーへの関心が高まっている。政府は、新成長戦略のエネルギー政策を見直し、原発に過度に依存しない電力確保を目指す方針を固めた。自然の力を巧みに取り込んだ先人の知恵と工夫に学ぶものは多い。

（2011年5月9日付）


下仁田地域は2011年、「日本ジオパーク」に認定された。ジオパークは地質学的に重要な地層や地形などを知ることができる自然公園で、妙義山や跡倉クリッペなどが貴重な地質遺産と評価された。

組合製糸の歴史的意義

安中市のホームセンター駐車場の一角に木造総2階建ての古い建物がある。明治期、養蚕農家を組合員とする全国一の組合製糸に発展した旧碓氷社本社事務所だ。

1905（明治38）年に造られたこの建物が解体撤去の危機を迎えたことがあった。しかし、91年に「組合製糸の発展、興隆を示す貴重な歴史的遺産」として県重要文化財に指定され、保存されることになった。

富岡製糸場総合研究センター所長・今井幹夫さんの本紙連載をまとめた『南三社と富岡製糸場』は、組合製糸と富岡製糸場の関連性や特異性に注目し、特に碓氷社の取り組みと経営した萩原鐐太郎（1843〜1916年）の手腕を紹介している。

世界最先端の技術を駆使した富岡製糸場に対して、養蚕農家本位の考えから器械化を選ばず、在来の手作業による座繰り技術を改良して生産量を上げ、質を高めることで時代の要求に応えた。

今井さんはその歴史的意義を評価しつつも、器械化に踏み切らなかったことが、のちに長野県などの企業的製糸会社との差を大きく開けられた要因と捉える。史料に裏付けられた指摘にうなずかされる。それと同時に、大震災とその後の危機に直面し技術のあり方が根本から問われている今、「一家団欒《だんらん》」を理想とした鐐太郎の選択のもつ意味をもう一度捉え直す必要性も感じる。

（2011年5月16日付）

萩原鐐太郎は碓氷郡東上磯部村（現安中市東上磯部）生まれ。15歳で名主の家督を相続。県会議員、衆院議員などを歴任。碓氷社社長として養蚕農家本位の経営で難局を乗り切り、全国一の組合製糸へと発展させた。

養蚕の舞

養蚕の神から蚕の飼い方を教えてもらった農家の女性が、夫と若者2人とともに繭づくりに励む—。

渋川市北橘町に古くから伝わる下南室太々神楽の「養蚕の舞」は、養蚕作業の手順を楽しい動作により表現する、「養蚕県群馬」ならではの芸能だ。毎年4月、同町の赤城神社例大祭で奉納される。養蚕農家が減少を続け、その生活文化までが忘れられようとしているなか、地域の人たちによって守られている貴重な文化財である。

県内の養蚕、製糸、織物に関わる遺産47件を紹介する冊子『ぐんま絹遺産ガイドブック』を開くと、幕末、明治の日本の近代化を支えた群馬の絹産業とそれを背景にした文化がいかに深く浸透していたか、よく分かる。

ことにその豊かさを実感させるのは、建造物や場所、遺物に加え、「養蚕の舞」のような民俗芸能まで盛り込まれている点だ。発行した県はこれらの遺産のネットワーク化を図っていくという。

世界文化遺産の登録を目指している「富岡製糸場と絹産業遺産群」について、文化庁が国内単独候補として来年、ユネスコに推薦書を提出する見込みになった。

2007年に国内暫定リスト入りして4年半。登録に向けて一歩前進したことを喜びたい。大きな推進力になっているのは県内全域に残る〝宝物〟への誇りと愛着である。それが何より頼もしい。

（2011年10月3日付）

「ぐんま絹遺産」は群馬県内の絹関連文化財をネットワーク化して保存活用するため、県が登録している。2011年度に始められ、2019年1月の第8次登録で「新町紡績所」（高崎市）など3件が加わり、計100件に達した。

内からの力

仕事机に置いてある繭を時々手にとる。気がかりなことがあっても、触れているうち自然に心が静まっている。

人間国宝の染織家、志村ふくみさんのこんな言葉に引かれたのがきっかけだった。〈(蚕は) 小さな命とひきかえに、純白のつややかな糸をわれわれにあたえてくれます。(略) そっとにぎりしめると、内からの力がかえってきます。糸は生きていて私にこたえてくれます〉(「色と糸と織と」)

志村さんは〈抱きしめたいほどいとしい〉蚕の営みを受け止め、植物染料という自然の恵みを重ね合わせて織物をつくり上げる。

旧官営富岡製糸場の東繭倉庫で開かれている「花まゆ」展の、県産繭を素材にした花々に見ほれた。気持ちが安らぐのはやはり繭のもつ力によるのだろう。

花まゆは名古屋市の酒井登巳子さんが考案し、全国各地の教室で広めている。繭の層を薄くはがし、その一枚一枚を花びらとして形づくっていく。全て手作業で、手間と根気のいる工芸だ。ひときわ目を引いたのは、会員500人がつくった13万輪もの花による「ホープ」。繭そのものの色や膨らみが生かされ、長い歴史が刻まれた建物に溶け込む。

日本の蚕糸業は存続の危機にある。振興策の決め手が見いだせないなか、繭の魅力を再認識させてくれるこうした試みに一条の光を感じる。

（2011年10月10日付）

「花まゆ」展は以後も富岡製糸場、群馬県庁昭和庁舎、横浜市開港記念会館で開催。2018年には、フランス・リヨン市で行われた絹市「シルク・イン・リヨン」に参加し、群馬県産の繭を使った作品を展示。大きな反響を呼んだ。

「遺産群」のもつ意味

「富岡製糸場と絹産業遺産群」と初めて聞いた時、新鮮な驚きを感じたのを覚えている。

2006年、本県絹産業遺産の世界遺産登録を目指す県の構想案で設定された遺産10件の名称だ。「遺産群」とあることで、忘れられつつあった群馬特有の貴重な絹遺産が今も県内全域に残されているというイメージがはっきりと浮かんできた。

翌年、これが国内暫定リスト入りして以後、専門家により構成資産の検討が行われるなか、「顕著な普遍的価値」をより明確にするために絞り込みが続けられた。

先週、前橋市で開かれた国際シンポジウムで、資産を富岡製糸場と高山社跡（藤岡市）、荒船風穴（下仁田町）、田島家住宅（伊勢崎市）の4件にすることが正式に決まり、来年度にもユネスコに推薦書を提出することも確認された。
注目したのは、世界遺産委員会議長経験のあるパネリストが「構成資産以外の絹産業遺産に対しても地域で保護活動が行われている」として高く評価したことだ。大切にしなければいけないのは構成資産に限らないとの考えから、県が養蚕、製糸、織物に関わる遺産を「ぐんま絹遺産」として登録しネットワーク化を図っていることへの深い理解と受け止めた。
遺産群の一つ一つがもつ物語を地域で掘り起こし、命を吹き込んでいく活動は、世界遺産登録のための確かな後押しになる。

（2011年11月7日付）

2019年1月に100件となった「ぐんま絹遺産」の内訳は養蚕関連が54件と半数を占め、織物17件、製糸12件。地域別では西毛40件、県央23件、東毛22件、利根吾妻15件。今後、文化財に未指定の遺産発掘を進める。

田島弥太郎さんの遺訓

〈願わくは郷土の若人達よ　一致協力　産業の振興に努め　再び島村の名を天下に轟《とどろ》かされん事を〉。伊勢崎市境島村に建つ「島村蚕種業績之地」の碑に刻まれている。この地に生まれた遺伝学者、田島弥太郎さん（２００９年７月、95歳で死去）の言葉である。蚕種産地として栄え、世界遺産登録を目指す「富岡製糸場と絹産業遺産群」の構成資産の一つとなっている島村の、輝かしい歴史と文化への熱い思いが伝わってくる。

蚕の遺伝子研究で多大な功績を残し、県立日本絹の里館長を務めた田島さんには、蚕を語り手にして世界のトップレベルにあった日本の蚕糸技術をやさしく解説した『我輩は蚕である』という絵物語がある。

1955年から2年間にわたり雑誌『蚕糸の光』に連載したものを2000年に同館が再録、発行した（非売品）。

そのまえがきで田島さんは自身の役割を〈蚕糸業が果たしてきた経済的、文化的貢献の大きさを正しく後世に伝え〉〈将来の人々に認識して貰《もら》う〉ことだと書いた。さらに絵物語では、絹のもつ魅力を知り可能性を探ることを通して〈世界中の人間が幸福にくらして行ける途《みち》を考える思想〉が生まれることを願っている。

きょう8日、県内の多くの市町村で成人式が行われる。田島さんの未来を築く若者に向けた、遺訓とも読める言葉をかみしめたい。

（2012年1月8日付）

伊勢崎市境島村は、田島弥太郎氏をはじめ、遺伝学者の橋本春雄氏、南画家、金井烏洲氏、金井研香氏ら多くの学者、文人を輩出した。蚕種業で栄え、学問を尊重した風土があったからとみられる。

いせさき銘仙の日

伊勢崎地域を中心とする織物業者により「伊勢崎太織《ふとり》会社」（伊勢崎織物業組合の前身）がつくられたのは１８８０（明治13）年のことである。

「太織」は玉糸やのし糸を使った織物。この地で古くから受け継がれてきたが、化学染料の導入などで粗悪品が出て評判を落としてしまった。

会社の設立は自主統制による信用回復と地域産物の振興が目的だった。染料は草木染を主とする藍染めに戻し、全ての織物を検査する体制をつくって品質向上を図った。

この改革の中心となったのが、社長の下城弥一郎（１８５３〜１９０５年）だった。織物専門の市場を開き、私財を抵当に入れて染色講習所を開設するなど、次々と方策を打ち出すことにより、銘仙の産地として全国に知られる基盤をつくった立役者である。しかし織物は、昭和30年代後半ごろから産業構造の変化により衰退を余儀なくされてきた。

そんななか、ここにきて伝統の銘仙に新しい光が当てられている。ＮＨＫ連続テレビ小説「カーネーション」のヒロインの衣装として使われ、話題になった。

さらに、伊勢崎市観光協会が今年から、３月の第１土曜日を「いせさき銘仙の日」と定めた。銘仙を大切な地域資源として、記念イベントなどで全国に発信するという。銘仙をめぐる状況は厳しいが、これまでにない発想により、道が開けるのではないか。

（２０１２年２月６日付）

ＮＨＫ連続テレビ小説「カーネーション」のヒロイン、尾野真千子さんが演じる糸子は、伊勢崎市境萩原の木島織物所が製作した銘仙を着用。同社には問い合わせや注文が相次ぎ、銘仙の名を全国に広めた。

活用がなければ保存もない

「富岡製糸場と絹産業遺産群」の世界遺産登録運動を先導した国立科学博物館の清水慶一さん（昨年2月20日、60歳で死去）が繰り返し指摘したのは〈遺産の活用を重んじること〉だった。

同年夏に出された追悼文集の講演会記録にこんな言葉がある。〈近代化遺産の非常に大きな特徴というのは、「活用がなければ保存もない」ということです〉

さらに国内外の遺産の活用例の紹介で「富岡製糸場と絹産業遺産群」に触れて、こう述べた。〈世界遺産となることも重要ですが、同時に産業遺産を用いた地域の振興と整備を図ることも重要である〉

絹産業遺産は本年度中にもユネスコに推薦書が提出される見込みだが、〈活用〉はどう進めたらいいのか。「(富岡製糸場は) 世界に誇れる遺産。蚕糸に関わる日本の拠点センターとして、観光客、市民、研究者ら多くの人たちが交流できる場になってほしい」

富岡市富岡製糸場課の世界遺産推進担当を務める鮎沢諭志さん(35)はそう期待する。全国一の蚕糸資料館として知られる長野県岡谷市立岡谷蚕糸博物館の学芸員を11年間務め、昨年春から、姉妹都市提携する両市の人事交流で富岡市に出向している。

そんな立場で製糸場に接して、活用の可能性がさらに広がるのを実感するという。清水さんがまいた種は、さまざまな場で芽を出している。

(2012年2月16日付)

清水慶一さんは1990年からの群馬県近代化遺産総合調査を村松貞次郎さんと行い、富岡製糸場の価値を訴え、世界遺産登録を提案した人物。しかし、肺がんのため登録の結果を見ぬまま亡くなった。

続々と新たな研究

「富岡製糸場と絹産業遺産群」の世界遺産登録運動がもたらした大きな成果として挙げられるのは、新たな研究が続々と生まれていることだ。

従来、関連性を指摘されることがほとんどなかった同製糸場と構成資産の一つ、高山社（藤岡市）が、実際は深い結びつきをもっていたことを、富岡市の富岡製糸場総合研究センターが先月発行した研究報告書で明らかにした。

論文を執筆した同センター所長の今井幹夫さんによれば、蚕の飼育法を開発し養蚕技術を全国に伝えた高山社の社員らは１９１０（明治43）年以降、原合名会社が経営していた同製糸場の働き掛けで、生繭共同販売組合を通じた取引を積極的に始めたのだという。

さらに同製糸場が進めた外国蚕種の試育委託先ともなった。これにより、優良蚕種の開発と普及、優良生糸の大量生産を可能にした。

両社の取り組みを今井さんは、〈(それぞれが持つ)優れた養蚕技術と優れた製糸技術を意図的に融合させた〉とし、この連携について、単なる技術革新を超えた「経営革新」であったと高く評価する。

そこで浮かび上がるのは、時代の趨勢《すうせい》を捉え多くの困難を克服していった先達の知恵と気概である。多角的な視点による研究・究明で空白の部分が明確になる。そんな成果にふれるたびに、絹産業遺産の豊かさを実感する。

(2012年4月23日付)

富岡製糸場総合研究センターは富岡市が2008年4月、同製糸場内に設置。製糸場の調査・研究とともに管理・運営の助言を行っている。2011年度からは毎年報告書を発行、製糸場設立当初の労働環境に関する研究などを発表している。

速水堅曹の詩歌集

〈手弱《たおや》めの　よはき手にくる　くりいとは　わか日の本の　光りとそ見る〉。

官営富岡製糸場の所長を2回にわたり務め経営改革を進めた速水堅曹（1839～1913年）の詩歌集『一本の糸』に収められた歌である。1887（明治20）年、工女たちを前に行った演説で披露したという。

彼女たちの健康を願い、成長を見守る細やかな心遣いと、〈よはき手〉による生糸が日本の近代化を支えていることへの敬意と誇りが伝わってくる。

前橋藩による日本初の器械製糸所の開設に力を尽くした。製糸技術の専門家、指導者としての数々の業績が近年の資料発掘によって明らかになっている。その名を聞いて浮かぶのは、和服姿で口ひげが印象的な晩年の写真だ。しかし工女や家族、知人らへの思いの込もった歌に触れると、写真の印象とは異なる優しい素顔が見えてくる。

詩歌集をまとめたのは民間団体の富岡製糸場世界遺産伝道師協会「歴史ワーキンググループ」。２００５年から速水の日記の現代語訳に取り組むなか、多くの短歌、長歌、漢詩を残していることに注目、これらを抽出、編集した。

〈一本の糸で日本をつなぎとめ〉。１８８３年、日本の蚕糸業者が集う会議で詠んだ一句が書名に使われた。研究書とはまた違う形で〝絹の先人〟の精神を次世代へと伝えてくれる一冊である。

（２０１２年5月24日付）

速水堅曹は日本で初めての器械製糸所を前橋につくった後、その経営手腕を買われ、赤字だった富岡製糸場の第3代、5代所長に就任。高品質の生糸を製造し収益を上げることに尽くし、経営改革を進めて黒字化を果たした。

先人の気概も大きな遺産

女王、卑弥呼《ひみこ》の邪馬台国を記載した中国の史書といえば『魏志』倭人伝。その中にある〈いね・いちび・麻をうえ、蚕をかい、糸をつむぎ…〉（岩波文庫）の一節は、日本での養蚕を示す最古の記録という。

古代から連綿と受け継がれてきた養蚕、製糸の営み。それが近代日本を代表する産業に成長する引き金となったのは１８７２（明治５）年操業開始の富岡製糸場だ。

政府が欧米の高級絹製品の素材となり得る上質な生糸生産を可能にする模範工場として設立した。関連施設とともに絹の大衆化、近代群馬の礎を築く上で果たした役割は大きい。

国文化審議会の特別委員会が本県の「富岡製糸場と絹産業遺産群」を２０１４年の

世界文化遺産登録を目指して国連教育科学文化機関（ユネスコ）に推薦することを了承した。順調に登録されることを願うばかりだが、それとともに遺産群に関わった人々や本県を絹産業先進県たらしめた当時の養蚕製糸農家のことも忘れてはなるまい。

ことしは国連が定めた「国際協同組合年」。地域の絆を強め、共に発展するという協同組合の活動理念は産業革命を経て生まれたが、日本でいち早く取り入れて組合製糸を設立したのは本県の養蚕製糸農家だった。

進取の精神で時代を切り開いた先人の気概もまた、大きな「遺産」だ。蚕糸業が困難な時代、学ぶところは多い。

（2012年7月13日付）

組合製糸は、養蚕農家により組織された組合。各農家で生産した繭を組合が購入し、製糸加工した。群馬県では座繰り製糸を近代化した碓氷社、甘楽社、下仁田社などが知られる。

高めた女性の精神性

群馬で最初のキリスト教会である安中教会が設立されたのは１８７８（明治11）年のことだ。このとき新島襄から受洗した地元の30人のうち、女性が14人を占めた。

安中は当時、〈上州の養蚕機業の中心地であり、（横浜開港以降）早くから横浜と結びつくことで西洋文化と接触し、開明的な進取な雰囲気に満ちていた〉（『安中教会史』）。

養蚕製糸業の主な担い手であった女性たちの、社会に対する意識は相当高かったに違いない。受洗者に女性が多かったことも、新しい文化を吸収しようという強い意志の表れと言っていいだろう。

「これからは、上州だけではなく、日本全体や世界を見据えて生きなければならぬとお聞きしました」。前橋・ベイシア文化ホールで上演される県民参加型演劇「絹の国から　繋《つな》がる想《おも》いはシルクな風にのって…」（県、県教育文化事業団主催）に出てくる18歳の女性の台詞《せりふ》である。

明治初め、官営富岡製糸場の建設に向けて力を尽くす人たちの試行錯誤を追う物語。脚本では歴史上の人物が何人も登場するが、それ以上に存在感を放つのが若い女性たちだ。

脚本・演出を担当した生方保光さんは「当時の人々の、新しいことにチャレンジする勇気、気概を知ってほしい」という。絹の文化を背景にした精神の遺産の豊かさに触れることができそうだ。

（2012年8月20日付）

キリスト教教育に生涯を捧げた新島襄は女子教育の必要性を強く訴え、同志社女学校を設立。亡くなる1カ月前には、女権拡張運動家の女性に「あなたたちは世の改革者、いや、改良者となられよ」と激励している。

絹のことば

養蚕に携わる人が使う言葉の一つに「オーグワ（大桑）」がある。字義通り捉えれば「大量の桑」ということになるが、蚕と関わることで意味はぐんと広がる。

「オーイ　コンナニ　クラクナッチャ　ハー　シマウデー」「ウチワ　マダ　ダメー、イマ　オーグワダカラ」

「オーグワダカラ」は「今食べ盛りの子どもがいる時期だから」という意味だ。養蚕を離れた日常生活のなかで、「食べ盛りの子ども」あるいは、そうした子どもがいる時期を表す言葉として使われてきた。

そんな養蚕に関わる多くの言葉を考察する県立女子大准教授、新井小枝子さんの『絹のことば』（上毛新聞社刊）を読むと、紹介される一つ一つがなんと豊かな文化を創り出しているのか、と改めて驚かされる。
「繭を作る直前まで成長した蚕」を「ズー」と呼ぶが、そこから広げて「年をとった自分」「酒を飲んで酔っ払った人」を表したり、農作物が過熟になった状態、仕事が手遅れになったこと、などの用例もあるという。
ほかの言葉では表現が難しい、微妙で奥の深い意思伝達を可能にしてくれる養蚕語《ご》彙《い》。新井さんは〈養蚕という生業にはぐくまれてきた人びとの心のあらわれ〉であり、〈世界にほこれる文化遺産である〉と捉える。存続の危機にある養蚕とともに、失われてはならない大切な宝である。

（２０１２年10月29日付）

日本絹の里の特別展「かいこが紡ぐことばと生活展」（２０１６年12月〜17年２月）では、養蚕に携わる人たちが蚕の一生に自分の人生を重ねた言い回しなど、養蚕ことばの多様性や奥深さを蚕具や写真とともに紹介。絹文化の豊かさを実感させた。

歌会始に蚕の歌

食欲旺盛だった蚕があるときから桑を食べなくなる。熟蚕《じゅくさん》といい、体があめ色になって、まもなく糸を吐き始める。

〈いつせいに蚕は赤き頭立て糸吐く刻《とき》をひたすらに待つ〉。皇居・宮殿で開かれた「歌会始の儀」で読み上げられた入選歌の一つは、繭づくりにかかる神秘的な蚕の姿が捉えられ、その生命をいとおしむ作者のやさしいまなざしが浮かんでくる。

養蚕農家に育った元下仁田高校校長の鬼形輝雄さん（安中市）が、幼いときから身近に接した蚕への思いを詠んだという。お題は「立」。応募1万8000首の中から選ばれたのは10首だけ。本県からは3年ぶりのことだ。

「古典の絵巻の世界にいるような気がした」という鬼形さんは「両陛下から養蚕の

ことを聞かれ、親しみを感じたのとともに、うれしかった」と述べた。

明治初めから紅葉山御養蚕所で続けられている養蚕を引き継ぎ蚕の生態を熟知する皇后さまだけに、この歌の情景に強く心打たれたに違いない。

存続が危ぶまれる日本の蚕糸業の現状に対し、全国一の養蚕県である群馬でさまざまな方策が講じられている。鬼形さんが歌という形で示してくれた、かけがえのない養蚕の営みを残したいという思いは、多くの県民の願いでもある。これらが重なり合うことにより、活路を開くことができないだろうか。

（2013年1月21日付）


鬼形輝夫氏は入選を機に、養蚕の風景を少しでも残したい、との思いで書きためた養蚕の歌を歌集『絹の昇天』にまとめた。「上等の繭出荷せし夜半にして屑繭紡ぐ母の手優し」など、養蚕を大切に思う作者の心が伝わる歌が収められている。

群馬県産生糸を米国に

群馬とニューヨークのビジネスの始まりは、桐生市出身の新井領一郎が県産生糸を直輸出した1876年にさかのぼる。新井を母方の祖父に、明治の元老・松方正義を父方の祖父に持つライシャワー夫人、ハルさんが『絹と武士』に書いている。

〈領一郎は兄の工場で作られた3ポンドの生糸見本を大切に、緑と茶の混じった手提げ旅行かばんに入れ、それをしっかりと抱きかかえていた。これこそ彼のアメリカでの未来を拓《ひら》くものであった〉

新井は最初の取引で相場より安く契約して、国元から再交渉を求められ、これを拒む。商売人としては大失敗。が、〝信用〟という何物にも代え難い財産を得て、生糸貿易で大成功を収めた。

生糸の縁は切れていない。そう思った。高崎市の江戸小紋師、藍田正雄さんと弟子の藍田愛郎さん、三重県鈴鹿市の伊勢型紙職人、内田勲さんが、3月、ニューヨークで染めと彫りの技を披露、喝采を浴びたと聞いた時だ。

藍田さんは県産生糸で織った白生地を型紙で染める。内田さんの技は突き彫り。板の上に和紙を重ね、小刀で緻密な文様を彫る。小紋あっての型紙、型紙あっての小紋なのだ。

「日本絹の里」(高崎市)で「技と粋　伊勢型紙と江戸小紋展」が開かれている。ニューヨークの美術愛好家をうならせた技だ。絹の故郷でじっくりと鑑賞したい。

(2013年6月20日付)

『絹と武士』では、新井領一郎が渡米する際、幕末の思想家、吉田松陰の形見である短刀を松陰の妹から託されたことも紹介。米国に残されていることが分かり、2017年、前橋文学館で公開された。

重伝建を縁に交流

桐生市と旧六合村。遠く離れた地が、重要伝統的建造物群保存地区（重伝建）という共通項を縁に住民交流を展開している。中之条町赤岩で開かれるふれあい感謝祭がその一つだ。

２００６年に県内初の重伝建に選定された赤岩地区は、明治から昭和の養蚕農家が立ち並ぶ。感謝祭では特産の花豆やそばをＰＲしたり、蚕の飼育や座繰りの体験を手ほどきする。

赤岩重伝建保存活性化委員会の篠原辰夫会長は「近くに温泉もある。観光振興への道筋を付けたい」と話し、年間１万人が訪れるようになった山あいの地の今後に期待を掛ける。

重伝建運動を進めていた桐生の団体が、赤岩が選定された年に視察したのが交流のきっかけ。以来、篠原さんら赤岩の委員会は、織物や食品を販売する桐生の買場紗綾市《かいばさやいち》を毎年訪れ、桐生側も2年前から感謝祭に出店。互いに特産品を持ち寄っている。

昨年の重伝建選定に一定の役割を果たした買場紗綾市の森寿作実行委員長は「群馬に二つしかない重伝建。連携を強化し、県内外に存在を広めたい」と意気込む。篠原さんも「目的が同じなので心強い」と賛同する。

森さんは二つの重伝建を一緒に掲載するチラシや冊子ができないか、県に働き掛けている。養蚕と織物。絹遺産の二大拠点の結び付きを深めることは、県全体のアピールにつながる。

（2013年8月30日付）

中之条町は六合地区の養蚕農家群や豊かな自然環境を貴重な観光資源としてPRしており、桐生市では本町1丁目の明治中期の建物「旧真尾邸」を整備し重伝建地区の活動拠点にする計画だ。

蚕糸技術開発の蓄積が今に

30年前に出版された『群馬の養蚕』（みやま文庫）の冒頭で、県蚕業試験場（現県蚕糸技術センター）の元場長、斎藤忠一さんが書いている。
〈私どもの祖先や先輩は、長い養蚕の歴史を通して、ときには時代の脚光を浴び、ときには（略）苦渋の時代を過ごした。しかし（略）こんにちに至るまでの上州の経済を支えたものは蚕糸業であった〉

歴代の試験場長ら本県の蚕糸指導の第一線で活躍した人たちが執筆した同書を久々に読み返したのは、同センターが試験飼育に取り組んできた新しい蚕品種「ぐんま細《ほそ》」が実用化されるというニュースにふれたからだ。

県のオリジナル蚕品種としては8番目。通常の繭糸と比べ3割ほど細いのが特徴で、富岡市での飼育を広げ商品開発を進めるという。これを可能にしたのは、長い時間をかけて蚕糸の技術を磨き、品質、生産性を高めてきた群馬ならではの歴史があったからこそと、改めて思う。

「富岡製糸場と絹産業遺産群」の世界文化遺産への登録審査が来年行われるのを前に、イコモスによる現地調査が行われる。登録に向けて今、何が必要なのか。

前文化庁長官の近藤誠一さんは前橋であった講演で、県民に求められるものは「遺産の継承、保存への強い意志と行動」だと述べた。先人の蓄積が、それをさらに促してくれるのではないか。

（２０１３年9月23日付）

群馬県では蚕品種を独自に育成している。世紀二一、ぐんま黄金、ぐんま２００、新小石丸、新青白、蚕太、上州絹星、ぐんま細―の8種で、それぞれの特長に合わせて使われている。

蚕具は知恵の宝庫

絹産業に使われた道具を目にする機会が増えた。そのたびに心が躍るのは、養蚕県・群馬では古くから蚕の飼育技術の研究、改良が繰り返されており、関わった人の創意工夫のあとが一つ一つにうかがえるからだろう。

高崎市歴史民俗資料館の「蚕の懐古」展で紹介されている大小80種、四百数十点の養蚕具を前にして、改めて先人の苦労を実感させられた。

蚕が繭をつくりやすいように考案されたさまざまな形の藁蔟《わらまぶし》、回転蔟をはじめ、蔟折り機、養蚕かぎ、繭はずし、桑こき、桑ぶるい、養蚕に欠かせない毛羽取り機…。効率と品率を高めるために生み出された知恵の宝庫である。

それらの養蚕具に交じって高崎だるまがあった。脱皮を終えた蚕を「起蚕」、上蔟《じょうぞく》を「上がり」と呼ぶことから、養蚕が盛んな時代、だるまの「七転び八起き」にあやかり、多くの養蚕農家が「蚕大当たり」を祈願した。

日本一のだるま生産地、高崎市で、観光客が気軽に立ち寄れる「だるまの町づくり」構想が県達磨製造協同組合により進められている。

豊岡地域を重点エリアに、だるま店のマップづくりや共通デザインの看板設置などのアイデアが出ており、品質向上、海外戦略にも力を入れるという。全国に誇れる地場産業と絹文化との深い関わりをさらに強調してはどうだろう。

（2013年9月30日付）

高崎だるまを江戸時代に作り始めたとされる山県友五郎の偉業を後世に継承するため、群馬県達磨製造協同組合は2018年、友五郎の命日の8月9日を「高崎だるまの日」に制定した。

生糸鉄道

〈左にゆかば前橋を　経て高崎に至るべし　足利桐生伊勢崎は　音に聞えし養蚕地〉。１９００（明治33）年に発行された『地理教育　鉄道唱歌』には、絹の国・群馬を歌ったいくつかの詞がある。

〈みわたすかぎり青々と　若葉波うつ桑畑　山のおくまで養蚕の　ひらけしさまの忙がしさ〉〈線路わかれて前橋の　かたにすすめば織物と　製糸のわざに名も高き桐生足利とほからず〉

〈汽笛一声新橋を　はや我汽車は離れたり…〉で知られる新橋と横浜を結ぶ日本で初めての鉄道が開通したのは１８７２（明治5）年10月14日。その翌月、官営富岡製糸場が操業を始める。横浜開港をきっかけに日本政府が推進した殖産興業の一環だった。

84年には上野─高崎間（現在の高崎線）が開通する。最大の輸出品であった生糸を主産地の群馬から横浜まで運ぶことが大きな目的である。

それまで中心だった水運に代わる交通手段として、日本の近代化を支える重要な役割を担った。そんな新しい絹の道がいかに期待されていたか、鉄道唱歌の歌詞が物語る。

「富岡製糸場と絹産業遺産群」の世界文化遺産への登録審査が来年行われるのを前に、存続の危機にある蚕糸業の振興策に加え、官民共同による絹製の土産品開発など意欲的な試みが相次ぐ。〈音に聞えし養蚕地〉の歴史は、今も私たちを鼓舞してくれる。

（2013年10月14日付）

上野─高崎駅間が開通した1884（明治17）年6月には、高崎─前橋間も同時に開通した。この時はまだ利根川手前の内藤分停車場までで、架橋工事が終わって開通したのは1889年だった。

第3章（2014～2019年）

世界遺産と共に

保存・活用のあり方を問う

三山春秋

身近に残されているのに、なぜその大切さに気づかなかったのか―。群馬の絹産業遺産群が世界文化遺産に登録される過程で、多くの人が実感したことではないか▼たとえば、良質の生糸を生産するために先人が重ねた努力と工夫、暮らしの記憶など、建物や遺構と

2014年	4月	大日本蚕糸会が養蚕、製糸、織物業社への独自助成を始める。群馬県も新たな補助金を創設
	4月	イコモスが「富岡製糸場と絹産業遺産群」の「記載(登録)」勧告
	6月	「富岡製糸場と絹産業遺産群」の世界文化遺産登録が正式決定
2015年	4月	桐生市など県内4市町村の絹遺産で構成する「かかあ天下－ぐんまの絹物語」が日本遺産に選ばれる
	12月	群馬県内の繭生産量が32年ぶりに前年比増となる
2019年	6月	「富岡製糸場と絹産業遺産群」の世界遺産登録5周年記念式典

重な史料なのだと▼その一つとして「蚕糸」という言葉を挙げたい。蚕糸行政を担当する「蚕糸課」が県に設けられたのは1924年のことだ。〈世論の盛り上がりとその事務分量の増大、及その重要性の加重〉(『県蚕糸業史 下巻』)のためだった▼以後、日本一の養蚕県として、振興・発展に大きな役割を担ってきた。時代の変化で衰退を余儀なくされ、2002年には別の課と統合するも、組織名を「蚕糸園芸課」とした。全国自治体で唯一のこの名を残すことで維持に努める姿勢を

イコモスが登録勧告

もしも、この人物がいなかったら、果たしてこんな結果が得られたろうか。「歴史にイフは許されない」と説く研究者には叱られるかもしれないが、画期的な出来事を前にして頭をよぎったのは、この「もしも」だった。

ユネスコの諮問機関、イコモスが「富岡製糸場と絹産業遺産群」を世界文化遺産に登録するよう勧告し、6月の世界遺産委員会で正式に登録される見込みになった。

一報を受け、功労者たちの顔が次々と浮かんできた。その誰もが、快挙実現に欠かせない重要な役割を担ってきた。端緒をつくった人、そして、小さな流れを大河にまで広げた人たち…。

明治初めに建てられた富岡製糸場を1939年から所有してきた片倉工業は、87年、稼働を停止した。その閉所式で当時の社長は建物を壊さず、「ニュー片倉にふさわしいもの」として活用する意思を示したという。これにより製糸場は、ほぼ設立当時のまま残された。

登録に向けた運動が始まったのは２００３年からである。しかし、それ以前に、遺産を調査し、普遍的な価値を世に広めてくれた研究者たちの導きがあった。

彼らの蓄積なしに、プロジェクトが始動することはなかったろう。これに先人の遺産とその精神を継承しようという県民の熱い思いが重なり合った。関わった全ての人たちと喜びを分かち合いたい。

（２０１４年４月27日付）

イコモスは勧告で「フランスから製糸の知識は技術を導入し、生糸を大量生産するシステムを独自に作り上げた」と高く評価した。推薦書で強調された「世界の絹産業の発展と消費の大衆化をもたらした普遍的な価値」をほぼ認める内容だった。

横浜への絹の道

東京都八王子市鑓水《やりみず》の峠道沿いに、「絹の道」と刻まれた碑がある。ここから1・5キロにわたる木々に囲まれた未舗装の道は、市の史跡に指定されている。

横浜港が開港したのは、1859（安政6）年6月2日（旧暦）。直後から生糸が日本の最大の輸出品となった。

八王子周辺は、各地で生産された生糸の集散地となり、「鑓水商人」らによって横浜へと運ばれた。その主要経路の一つがこの道だった。しかし、鉄道の開通によって急速に使われなくなり、忘れられていった。

戦後、これを憂い、「絹の道」と名付けて建碑運動に取り組んだ人がいた。文章を万人のものとする「ふだん記《ぎ》」運動で知られる同市の橋本義夫さん（1902～85年）

である。

　無名のまま埋もれてしまった地域の人物を顕彰する活動にも力を注いだ。関わった碑は15基を超える。57年建立の「絹の道」碑もまた、顧みられなくなった事跡を後世に伝えたいという思いが基になったのだろう。96年には文化庁の「歴史の道百選」に選ばれた。

　絹の国群馬の生糸、蚕種輸送の中心は、利根川、江戸川を使った水運だった。そして、高崎線の開通でその役割を終えた。時代の要請に対応して変遷を経てきた道の歴史にも光を当て続けたい。「富岡製糸場と絹産業遺産群」の世界文化遺産登録を間近に控えた開港記念日に思う。

（２０１４年６月２日付）


「絹の道」は散策路として整備されており、その沿道に地元の生糸商人屋敷跡を使った「絹の道資料館」がある。養蚕、織物で栄えた歴史を伝える資料を展示する施設として、八王子市が１９９０年に開館した。

功労者たちの気概

あの人が健在だったら、どんな感想を述べるだろう。「富岡製糸場と絹産業遺産群」の世界文化遺産登録が決まった今、聞きたいのは、群馬の絹文化を深く理解し、大切さを訴えながら、この朗報に接することができなかった人たちの声である。

前橋の養蚕農家に生まれた詩人、伊藤信吉さん（1906～2002年）の言葉を思い出す。市内の近代化遺産を巡り歩いた時、糸のまちの面影を伝えるれんが倉庫が次々と失われていることを嘆き、こう語った。「何もかも残すのは無理としても、歴史を物語るものくらいは残してほしい」と。

忘れられつつあった存在にまばゆい光が当てられた。詩人はこんな歌を口にするのではないか。〈上州は桑原十里桑の実を喰《た》うべて唇《くち》を朱《あけ》に染めばや〉。大正期の「読み人知らず」の歌。上州を描く文章でたびたび紹介した。広大な桑畑は伊藤さんにとってかけがえのない原風景だった。

世界遺産構想の基になる近代化遺産総合調査から深く関わり、絹産業遺産の価値を発信し続けた国立科学博物館の清水慶一さん（1950〜2011年）の言葉もかみしめたい。

〈近代への取り組みを必死になって行ってきた先人たちの、いわば精神の遺産ともいうべき颯爽《さっそう》たる気概を忘れてしまうのはあまりに惜しい〉。著書で鼓舞してくれた群馬の恩人の気概を忘れまい。

（2014年6月22日付）

伊藤信吉氏の若き日の郷土の回想記『風色の望郷歌』では、方言、祝唄とともに、生糸の価格に一喜一憂する養蚕農家、空っ風、桑畑など忘れがたい原風景が描かれている。『マックラサンベ』でも村の方言を記録した。

生糸商人が前橋城復活

前橋城の数少ない遺構の一つ、土塁跡に久しぶりに上った。そこに建つ前橋城址碑《じょうし》の解説に、こんな言葉があった。

〈(前橋城再築の背景には)前橋領の特産生糸貿易の活況に寄せる藩政再建の願いと、生糸商人ら領民の莫大《ばくだい》な献金、労力奉仕があった〉

「関東の華」と呼ばれた前橋城は、利根川の度重なる洪水や大火などで松平氏が川越に移封し、以後、100年近く廃城となっていた。その再築工事が始まったのは、今から150年前、1864(元治元)年のことである。

極めて困難といわれる城の復活を実現させたのは、横浜開港以来、生糸価格の高騰に伴い富を得た前橋の生糸商人らの活力だった。多額の献金により、3年8カ月かけて待望の城が完成した。しかし間もなく明治維新を迎え、廃藩置県に伴い再び廃城となり、本丸御殿を残して取り壊されてしまう。

町民の落胆はさぞ大きかったろう。にもかかわらず、糸のまち前橋の勢いは止まらなかった。製糸工場が続々と造られ大きく発展した。そんな歴史をたどると、前橋城の遺構から、当時の人々の不屈の思いが伝わってくる。

ここにも絹産業遺産があった—。「富岡製糸場と絹産業遺産群」の世界文化遺産登録が決まって、そんな発見をすることが増えた。全国一の蚕糸県には、まだいろんなところに宝は埋もれている。

（2014年6月30日付）

残された前橋城本丸御殿は、1925（大正14）年、群馬県庁舎（昭和庁舎）が建設されるのに伴い、取り壊された。もしこれが保存されていれば、領民の気概を伝える貴重な遺産となったはずだ。

県産絹需要の高まり

「県産繭が在庫不足」という見出しに驚いた人が多いのではないか。先月23日付本紙1面のその記事は、繭や生糸の生産が追いつかず、急増する引き合いに対応できないことを伝えていた。

「富岡製糸場と絹産業遺産群」の世界遺産登録に伴い、県産絹製品の需要が高まったためだ。富岡産シルクを使った製品が品薄というが、縮小を強いられ続けていた絹産業の関係者にとっては、夢のような話だろう。

県などは、近年ほとんど行われなくなった「晩々秋蚕期」の生産を呼び掛け、確保を図っている。ある程度予想されたとはいえ、実際にこうした動きが出てくると、心が浮き立つ。

〈2000年の歴史を持つ日本の蚕糸業を消滅させてはならない〉。大日本蚕糸会会頭で高崎経済大理事長の高木賢さん＝千葉県松戸市＝はそんな思いから、蚕糸業を応援するために新著『日本の蚕糸のものがたり』（大成出版社）を出版したという。

開港後150年に及ぶ蚕糸業の通史の記述から伝わってくるのは、日本の近代化に大きく貢献した蚕糸業のかけがえのなさを知ってほしいという思いだ。

今回の特需を振興につなげるには、さらに多面的な施策が必要だろう。県も「世界遺産を生かした観光振興と蚕糸業の振興」に取り組む姿勢だ。生きた産業として残すことができるよう、さらに知恵を絞りたい。

（2014年9月8日付）

晩々秋蚕期は、9月20日前後に掃き立てて10月中下旬に出荷する蚕期。以前は生産拡大のため県内各地で行われていたが、近年は春蚕、夏、初秋、晩秋の4蚕期が中心となっている。

一家団欒が第一

「俺は今井（片倉工業の今井五介）や原（生糸商の原善三郎）のようになろうと思えばいつでもなれた。しかし農民のために組合製糸をやったのだ」

養蚕農家を組合員とする安中市の組合製糸、碓氷社を経営した萩原鐐太郎（1843〜1916年）が晩年、孫にこう語ったという。

同市学習の森ふるさと学習館で開かれている企画展「碓氷社―安中市の蚕糸業の過去と現在」を見て、鐐太郎のそんな言葉が浮かんだ。

碓氷社の設立は、隣接する富岡で官営富岡製糸場が操業を始めた6年後の1878（明治11）年。最大の特徴は、器械ではなく、農家で伝承されてきた手作業の座繰りによる製糸方法をとったことだった。技術改良を重ね、生産量は明治末まで、世界最先端の技術による器械製糸工場である同製糸場をしのいでいた。
企画展の説明では、あえて座繰り製糸を選択したのは、鐐太郎が農家の利益確保を優先したためであり、その姿勢を「碓氷社の本質を表すもの」と位置付けていた。さらに、常に研究を怠らず、欧米のニーズをいち早く得ていたことも挙げた。
鐐太郎は組合製糸の役割をつづった文章でこう強調している。「一家団欒《だんらん》に最も重きを置き、これを基礎として（碓氷社を）組織した」。リーダーとしての合理的な精神の底にある温かみは、時代を超えて私たちの心を揺さぶる。

（2014年11月24日付）

萩原鐐太郎が打ち出した養蚕製糸農民の主体的意思を尊重する基本方針は県外からも高く評価され、遠くは秋田、鳥取県からも碓氷社に加盟。ピークの1913（大正2）年には185組合に達した。

蚕積金制度

「蚕積金制度」という、今でいえば少子化対策が江戸時代後期、前橋で進められたことがある。利根川の相次ぐ氾濫などで松平氏が川越に移城し、前橋は川越藩の分領となっていた時代だ。

苦しい藩財政の立て直しと、凶作で荒廃する農村の復興策を模索していた藩は、前橋領内で発展しつつあった養蚕業に注目。養蚕農家が繭を売った代金の一部を拠出させて活用しようと始めたのがこの制度だった。

具体的には、農村の労働人口の増加を期待して、出産した子ども1人につき金2分を支給するという「赤子養育手当」であり、『前橋市史　第2巻』によれば、藩は千両近くの基金を見込み、実際に支給されたことが確認できるという。

それから間もなく横浜港が開港した。生糸が日本の最大の輸出品となり、前橋の蚕糸業は空前の活況を呈した。生糸商らの多額の献金があって前橋城が再築される時には、この蚕積金も建築資金として使われた。日本の近代化に貢献した群馬の絹産業は、地域の発展にどれほど寄与したことだろう。

県の２０１５年度当初予算案で、新規事業として県産繭・生糸流通促進対策費が盛り込まれた。絹文化を未来に継承する取り組みの一環として、存続の危機にある蚕糸業を守ろうという狙いだ

先人たちが重ねた努力と挑戦に改めて敬意を表し、道を開きたい。

（２０１５年2月16日付）

蚕積金制度の「目論見書」では、町方の養蚕農家は７００軒、養蚕をしていない家が３００軒とあり、幕末の前橋領では、７割もの領民が何らかの形で養蚕に関係していたことが分かる。

絹産業と萩原朔太郎

〈ふらんすへ行きたしと思へども／ふらんすはあまりに遠し…〉で始まる萩原朔太郎の「旅上」が、糸の町前橋の隆盛と深く関わっていることを教えてくれたのは、萩原朔太郎研究会事務局長を長く務めた野口武久さん（故人）だった。

〈この土地にむせ返る産業構造を背景にして、生まれたものといっても過言ではない〉と「群馬の詩的風土」（みやま文庫『群馬の歴史と文化』）で書いている。

〈むせ返る産業構造〉とは、横浜開港以来、一番の輸出品となった生糸の主産地として、前橋の蚕糸業が活況を呈していたことを指す。横浜への生糸輸送を目的にした鉄道が前橋までつながったのは1884年。その2年後に朔太郎が生まれている。

「旅上」を発表した大正期は、前橋の製糸業が座繰りから器械製糸に転換し大規模化した時代だ。〈若い人々にとって西欧文化への憧れは「製糸」を通して早くから培われていった〉。野口さんはそう指摘した。

養蚕、製糸、織物に関わる遺産を県が登録する「ぐんま絹遺産」の追加登録が決まり、計91件となった。県内全域に残る絹遺産の掘り起こしは重要な取り組みだ。

一つ提案がある。建物や遺物に限らず、朔太郎の詩業のような、絹産業を背景にした精神文化にも光を当ててはどうだろう。他分野にわたる遺産群への理解が一層深まるのではないか。

（2015年3月2日付）

萩原朔太郎は、前橋の製糸業や桑畑の風景を直接、詩にすることはほとんどなかった。しかし、『月に吠える』などが生み出される過程で、生糸のまちはさまざまな形で影響を与えている。

かかあ天下が日本遺産に

なんともうれしく、またこそばゆくも感じられる決定だ。文化庁が初めて認定する「日本遺産」に、桐生市など県内4市町村の絹遺産で構成する「かかあ天下—ぐんまの絹物語」が選ばれた。

地域の歴史的な魅力、文化、伝統を物語る文化財が対象で、国内外に発信して地域の活性化を図るのが目的。上州名物が日本の魅力を伝える代表的な遺産と位置付けられたわけだ。

10年前にこれを聞いたら、どう受け止めたろう。思いもかけないことであり、戸惑ったのではないか。しかし今は、そのように評価されるのが自然と考えられるようになった。それは「富岡製糸場と絹産業遺産群」の世界文化遺産登録を目指す運動が広がったおかげと言っていい。絹文化とその歴史を学ぶなかで、「かかあ天下」の奥深さが分かってきた。

もとは群馬の基幹産業だった養蚕、製糸、織物産業の中心的な担い手となっていた女性をたたえる言葉だったようだ。文化庁から認定された「ストーリー概要」では、絹産業を支えた女性の歴史に触れ、〈現代では内に外に活躍する女性像の代名詞ともなっている〉と説明する。

しかし、その意味はもう少し広いのではないか。男女の役割を緩やかに捉えようという、枠にとらわれない自由な発想が感じられる。そんな「かかあ天下」の精神もまた、大切な絹産業遺産である。

（2015年4月25日付）

日本遺産の対象は、「六合赤岩伝統的建造物群保存地区」（中之条町）「永井流養蚕伝習所実習棟」（片品村）「甘楽社小幡組由来碑」（甘楽町）「桐生新町伝統的建造物群保存地区」の12の文化財。

住民団体の緻密な研究成果

ずっしりとした重さから、つくった人たちの強い思い入れが伝わってきた。

高崎市新町の旧官営新町屑糸《くずいと》紡績所に関わる資料を集めた『新町屑糸紡績所資料集～設立の経緯とその後の経営概観』はA４判４７０ジ《ペー》に及ぶ大冊である。紡績所の顕彰活動を続ける住民団体「よみがえれ！新町紡績所の会」の会員が、８年をかけてまとめた。

富岡製糸場の開業から5年後に官営模範工場として建設された紡績所の変遷や役割などを、各地の博物館、公文書館などに足を運び収集した３００点余りの資料で伝えている。

まだ未解明な部分が多い紡績所の今後の研究の基礎資料にと、先行する研究や教科書の記載部分も網羅した。その編集に貫かれているのは、緻密で誠実な姿勢だ。

同紡績所が日本の近代化の原点となる文化財として国重要文化財に指定される見通しになった。以前から専門家の高い評価を得てきたが、「自分たちの遺産」という意識で顕彰普及活動に取り組んできた地元の熱い思いも後押しとなったに違いない。

「富岡製糸場と絹産業遺産群」の世界遺産登録から間もなく1年。構成資産だけでなく、身近にある絹遺産の価値を再発見する活動が各地で盛んになり、官民による優れた出版物が続々と生まれている。絹文化が群馬に深く、広く浸透していたからこそ得られる成果だろう。

（2015年6月8日付）

新町紡績所は2015年、国史跡にも指定された。建築物に関する国重要文化財と合わせてダブル指定は高崎市では初めて。世界文化遺産としての価値は十分あると言われており、追加認定を望む声が強まっている。

民の力が地域文化賞

「富岡製糸場と絹産業遺産群」の世界遺産登録から1年余り。再びもたらされた朗報に心が躍った。

富岡製糸場世界遺産伝道師協会が、地域文化の発展に貢献した団体などに贈られる「サントリー地域文化賞」に選ばれた。活動が世界遺産登録として結実し、地域の活性化にもつながったことが高く評価されたという。

県内全域で繰り広げられてきた登録運動の一番の特徴は、多くの民間ボランティアが自ら進んで啓発活動に取り組んできたことだ。これにより、当初は関心が薄かった県民の意識が変わり、遺産への理解が格段に深まった。

登録の立役者は少なくない。なかでも、地道な活動で機運を盛り上げた人たちの功労はとりわけ大きく映る。その代表格である富岡製糸場世界遺産伝道師協会の栄誉だ。まさに「わが意を得たり」である。

２００４年に発足以来、自発的に自治体や企業と連携したイベント、学校キャラバンなどで遺産の価値を伝え続けてきた。〝出動〟は年間３００回を超える。研究、資料収集も手掛けてきた。

精力的な活動の原動力は、忘れられかけていた近代絹産業の足跡を次代に伝えようという使命感であり、絹の文化への誇りと愛着だろう。率先して工夫を重ね良質の繭生産を実現してきた先人たちの仕事とも共通する「民の力」の大きさを改めて実感する。

（２０１５年８月31日付）

２０１５年９月のサントリー地域文化賞表彰式で、選考委員の田中優子氏は、市民が自発的に、無関心になりがちな地元の価値を内外に伝えている点を評価。「このような活動は日本各地で必要で、普遍的な価値を持っている」と指摘した。

全国の絹遺産をつなぐ

兵庫県養父《やぶ》市では、養蚕を「ようざん」と呼ぶという。その響きが心地よいのは、群馬と同様に絹産業が盛んだった土地ならではの、養蚕への深い愛着が伝わってくるからだろう。

先日、富岡市であった「絹の国サミット」で、養父市教委教育部次長の谷本進さんが行った「養蚕がつなぐ群馬の世界遺産と養父市」と題する報告で教えられた。さらに驚かされたのは、両地域間で重ねられた蚕糸技術交流の密接さだ。

江戸期に『養蚕秘録』を出版した上垣守国《うえがきもりくに》は、技術を学ぶため本県の境島村を訪れている。明治期には、藩士の娘たちが富岡製糸場で研修を受け、帰郷後に技術を広めた。

さらに高山社（藤岡市）の養蚕教師が派遣され、一部は指導員として活躍した。今も多く残る瓦ぶき3階建て農家建築の越屋根は群馬方式だという。

「富岡製糸場と絹産業遺産群」の世界文化遺産登録を、谷本さんは「日本の養蚕技術のもつ世界的な価値が認められたことでもある」と捉える。横浜開港後、絹産業は全国で急拡大した。技術は独占されることなく広められ、その歴史を伝える建物や資料は、群馬以外にも数多く残されている。

それらもまた価値ある遺産である。各地域をもう一度ネットワークで結んで、絹遺産の保存・活用を広域で進めてはどうだろう。思いもかけない成果が生まれるに違いない。

（２０１５年10月12日付）

養父市大屋町大杉地区が２０１７年7月、国の重要伝統的建造物群保存地区に指定された。同地区にある27棟の民家のうち12棟が3階建てで、画廊カフェに活用されるなどかつての養蚕集落の風情を守ろうという取り組みが本格化している。

群馬県産繭が32年ぶりに増産

身近に残されているのに、なぜその大切さに気付かなかったのか―。

群馬の絹産業遺産群が世界文化遺産に登録される過程で、多くの人が実感したことではないだろうか。たとえば、良質の生糸を生産するために先人が重ねた努力と工夫、暮らしの記憶など、建物や遺構とは違って目に見えにくいものもまた、歴史を伝える貴重な史料なのだと。

その一つとして「蚕糸」という言葉を挙げたい。蚕糸行政を担当する「蚕糸課」が県に設けられたのは1924年のことだ。〈世論の盛り上がりとその事務分量の増大、及びその重要性の加重〉(『県蚕糸業史　下巻』)のためだった。

以後、日本一の養蚕県として、振興・発展に大きな役割を担ってきた。時代の変化で衰退を余儀なくされ、２００２年には別の課と統合するも、組織名を「蚕糸園芸課」とした。全国自治体で唯一となった。この名を残すことで、維持に努める姿勢を示したのである。

養蚕農家数が減り続けるなか、本年度、県内繭生産量が32年ぶりに前年比増となった。絹産業遺産への関心の高まりと県などの蚕糸業継承対策により、かすかにだが光が見えつつある。

うれしいニュースが加わった。富岡市が農政課に「蚕糸園芸係」を新設するという。世界遺産の地元として、養蚕業の維持・振興に本腰を入れる構えだ。「蚕糸」は現役の〝生きた遺産〟として息づいている。

（２０１６年２月29日付）

群馬県内の繭生産の戦後のピークは１９６８年度の２万7千トン。83年度に増加したが、以後は減少を続け、２０１４年度は46・9トンに。そんななか、15年度、47・4トンと０・５トン上回った。わずかな増加だが、歯止めがかかったことのもつ意味は大きい。

上州人が支えた港町の黎明期

港町・横浜の伊勢佐木町。２００８年、老舗百貨店の横浜松坂屋が閉店した。前身は高崎生まれの生糸商人、茂木惣兵衛が１８６４（元治元）年に創業した野沢屋呉服店である。

きょうは旧通産省が制定した貿易記念日。１８５９（安政6）年のこの日、江戸幕府が英米仏など5カ国に対して横浜、長崎、箱館（函館）における自由貿易を許可する布告を出したことに由来している。

同年7月に横浜が開港すると最大の輸出品、生糸が全国から集まる。『横浜市史資料編』によると、１８６１（文久元）年から3年間の産地別生糸売り込み量は奥州（東北）に次いで上州が2位に記録されている。

横浜には上州から中居屋重兵衛（嬬恋村）、加部安左衛門（東吾妻町）、藤生善三郎（みどり市）、吉田幸兵衛（同）、伏島近蔵（太田市）らの生糸商人が進出したが、最大の扱い量を維持したのが茂木だった。

生糸から商売を広げ、貿易に欠かせない銀行も設立。商売の利益を道路や橋の建設に注ぎ込み、熱海梅園を造成するなど公共に尽くした。茂木の葬儀には、近隣の貧しい5千人に施米金が配られたという。

横浜松坂屋の跡地には今、ショッピングセンターが建つ。外観は、旧松坂屋の外壁の装飾が復元されている。伝統を引き継ぎながら姿を変えていく港町の黎明《れいめい》期を、多くの上州人が支えたことを誇りたい。

（2016年6月28日付）

静岡県熱海市の熱海梅園は、1886（明治19）年、茂木惣兵衛が出資して温泉療養施設の併設公園として造られた。皇室に献上後、同市に無償譲渡され、観光名所として多くの人に親しまれている。

類例のない養蚕関連資料

〈蒐集はものへの情愛である〉〈良き蒐集は世界の価値を高める〉。民芸運動創始者の柳宗悦が、集めることの神髄を説いた『蒐集物語』にある言葉だ。その実例が身近にあった。県立図書館の養蚕関連資料「小野寺文庫」である。

目録によれば、養蚕の歴史や蚕の飼育、桑栽培、製糸技術などの図書5千数百冊のほか、錦絵から商標まで1万2千点ある。江戸、明治期の養蚕技術書など入手困難な貴重なものが多くを占める類例のないコレクション。

収集したのは東京の小野寺重雄さんだ。岩手県の中学を卒業し上京後、会社に勤めながら全国で集め続けたが、1988年、がんのため48歳で亡くなった。資料はその年、故人の遺志で同図書館に寄贈された。投じた金額とともに、気の遠くなるような時間と手間がかかったはずだ。実家が農家で、養蚕を手伝った経験はあったようだが、ここまで突き動かしたものは何だったのか。

資料から伝わるのは養蚕への深い愛着と関わる人たちへの尊敬の念だ。さらに、絹産業の衰退で関係資料が失われてしまうことへの危機感が加わったに違いない。

「富岡製糸場と絹産業遺産群」の世界遺産登録後、絹文化への関心が高まるなか、文庫のもつ重みは格段に増した。絹の国群馬の宝であり、県が登録する「ぐんま絹遺産」にふさわしいのではないか。

（2016年7月4日）

群馬県立図書館は2013年から、所蔵する養蚕関係の資料をデータ化し、ホームページで公開している。江戸期の蚕飼育の手引書など貴重な資料が多く、「小野寺文庫」の目録も入っている。

熊本県で大規模養蚕工場

存続の危機にある絹産業に関し県内外で少しずつ明るい話題が増えている。富岡製糸場と絹産業遺産群の世界遺産登録に伴う関心の高まりが後押しとなっているが、そのなかでも県外で始まった大がかりな取り組みには驚かされた。

熊本県の求人広告会社が養蚕事業に参入するため山鹿市に農業生産法人「あつまる山鹿シルク」を設立、無菌状態で蚕を育て高品質のシルク原料を生産する大規模な養蚕工場を、市から提供された小学校跡地に建設中だという。

操業開始は来年4月で、総事業費は23億円。桑畑用に農地も確保しており、年間50トンの繭出荷を目指す。日本一の養蚕県である本県の繭生産量に匹敵する数字だ。

同市の中嶋憲正市長が先日、前橋であったシンポジウムでこの事業を挙げ、新たな地域ブランドづくりに意欲を示した。そこで強調したのは、困難を乗り越え絹産業の振興に尽くした先人の功績である。

山鹿には、「養蚕富国論」を提唱した長野濬平らが明治初め、先進地の群馬などで技術を学び、地元の蚕糸業を盛んにした歴史がある。養蚕農家が2戸になった同市で、産業として復興させようという発想が生まれたのは、そんな土壌があるからだろう。

本県で続けられている蚕糸業継承対策と、熊本をはじめとする多様な試みが相乗効果をもたらすことになればと願う。

（2016年9月5日）


農水省は2019年、シルクを利用した新たな市場創出などを目指し、「新蚕業プロジェクト方針」を策定。これを受け、同年9月に「全国シルクビジネス協議会」が設立され、本格始動した。

県外にも広がる絹文化の継承

「気節凌霜天地知《きせつりょうそうてんちしる》」。西郷隆盛が旧庄内藩士のために贈ったとされる箴言《しんげん》で、困難に直面しても、それを凌《しの》ぐ強い心をもって当たれば、天地は知り、応えてくれる―を意味する。

その舞台である山形県鶴岡市の国史跡「松ケ岡開墾場」を訪ねた。築140年という大型養蚕農家からは西郷の言葉通りの、藩士たちの苦難の歴史が伝わってきた。

戊辰戦争で敗れ賊軍とされた藩士が、汚名をそそぎ地域を再建するため養蚕業を興すことを決め、原生林を桑園に整備する開墾事業を始めたのは1872（明治5）年のことだ。

さらに本県の島村（伊勢崎市境島村）の田島弥平らのもとで17人が養蚕技術を学び、

弥平宅を模した総櫓《やぐら》のある蚕室を建設、鶴岡の絹産業の基礎を築いた。その「島村式」蚕室は5棟が現存し、資料館などとして活用されている。残されたのは、苦しみ抜いた先人の事績に学び継承しようという思いの強さの表れだろう。

鶴岡市が今夏、開墾場を所有者から取得、修復・保存に当たることになった。「日本遺産」の認定も目指し、絹産業を地域振興に生かすプロジェクトの中核施設としたいという。

同じように、本県の絹産業遺産と深い関係をもつ施設を守ろうという動きは別の県でも始まっている。それぞれの地がつながりをもち、絹文化の振興をともに図っていければ、素晴らしい。

（2016年10月30日付）

松ケ岡開墾場の歴史をめぐるストーリーが「サムライゆかりのシルク」として2017年、日本遺産に認定された。鶴岡市によれば、絹産業に関係する群馬の日本遺産「かかあ天下―ぐんまの絹物語」が申請の際に大きな力になったという。

利他の精神

〈企業にとっても、「利他《りた》」の精神というのはとても大切なもの〉〈損得勘定や利己的な考えが世の中を悪くしている〉

京セラ、ＫＤＤＩの創立者で日本航空の会社更生も成功させた稲盛和夫さんは、作家の瀬戸内寂聴さんとの対談をまとめた『「利他」人は人のために生きる』（小学館）で、こう述べている。

「利他」とは、自分を犠牲にして他人に利益を与えること。稲盛さんはその精神を〈人を助けたり人を思いやったりする心〉と捉える。

明治期に養蚕技術の改良・普及に尽くした片品村の永井紺周郎、いと夫妻の足跡を描く永井佐紺さんの新刊『繭の山河』（上毛新聞社）を読んで稲盛さんの言葉が浮かんだ。夫妻は戊辰《ぼしん》戦争のさなか、官軍兵士が自宅に立ち寄った際、衣服を乾かすために蚕室で火をたいたのをきっかけに養蚕法「いぶし飼い」を考案した。

特筆されるのは、その方法を惜しげもなく村人に教え、さらには依頼のあった渋川や前橋などにも無償で出張し不作に苦しむ多くの養蚕農家を救ったことだ。同書では、その姿が丁寧に描写される。

表紙の写真は前橋市上大屋町にある「紺周郎神碣《しんけつ》」と刻まれた石碑。1888（明治21）年、紺周郎の指導で不作を克服した旧南勢多郡の人々が建立した。「神」の文字からは、感謝とともに、損得勘定のない精神への敬服の念が伝わってくる。

（2016年11月7日付）

永井佐紺さんの『繭の山河』は2017年、「あまり知られていなかった女性の役割を再発見した」として上毛芸術文化賞（出版部門）に選ばれた。永井さんは「汗水流して繭を作った人たちのためにと調べ、書いた」と喜びを語った。

養蚕機織りの神

初詣でにぎわう富岡市の貫前神社は平安時代の延喜式に記され、上野国一宮として知られる。養蚕機織りの守護神「姫大神《ひめおおかみ》」と武神「経津主神《ふつぬしのかみ》」を祭り、絹産業とも関連が深いことはご存じだろうか。

本殿へ続く総門前に蚕糸業の繁栄を願って1866（慶応2）年に建てられた一対の青銅製灯籠（ぐんま絹遺産）がある。下部に献金した富岡、前橋、藤岡など各地の農家や生糸商人、東京、横浜の絹商人1500人余りの名前を刻んでいる。

横浜発起人には高崎出身の生糸商、茂木惣兵衛や後に富岡製糸場を経営した原合名会社の前身、亀屋の原善三郎も名を連ねる。絹産業に汗し、生糸輸出の増大を願った先人の思いに触れた気がした。

貫前神社は先月から12年に1度の式年遷宮が始まり、神霊を本殿から仮殿に3月まで移している。昔の養蚕農家は神事で神が通過した後の敷きわらを持ち帰り、繭の豊作を祈ったという。

かやぶきの仮殿に建てた神が宿る柱は、下仁田の山林から切り出した大杉をちょうなで削っている。遷宮中に本殿の畳を替え、富岡産の春繭で2神の衣を新調する。小林冨士夫宮司は「式年遷宮を通じた伝統技術の継承も大事」と話す。

灯籠建立の6年後に創業した富岡製糸場は2014年、世界文化遺産に登録された。連綿と続く本県の絹文化を、われわれも引き継いでいきたい。

（2017年1月7日付）

貫前神社は、「ゆかりは古し」（上毛かるた）と言われるように、江戸時代に将軍家光が再建した社殿をはじめ、日本三大名鏡とされる「白銅月宮鑑」など数々の国重要文化財がそろう。

景観十年、風景百年、風土千年

富岡製糸場近くの国道沿いに先月末、歴史的なまちなみに配慮した茶色の外観のコンビニエンスストアが開店した。目立たない造りにしたのは、富岡市が製糸場周辺を特定景観計画区域に指定し、屋外広告物の色彩を制限しているからだ。

市は２００５年、景観法の景観行政団体となり、２００８年に景観計画を策定。市民と共に製糸場や妙義山の山並みを生かした風景づくりを進めている。

「白川郷の合掌造り民家だけを保存しても景観を守ることにはならない。かやぶきや養蚕、まき割りなどを通してあのような景観がつくられたのだから」。市が先月開いた景観まちづくり講演会で、筑波大の黒田乃生《のぶ》教授は世界遺産の集落を例に語った。「景観十年、風景百年、風土千年」という見方も紹介。住民が10年関わって良い景観ができ、生活が数代続くと風景、さらに歴史を重ねると風土になるという。「富岡の千年はこれから」と話し、身近な景観と向き合う意義を強調した。茶色のコンビニもその一歩だろう。

妙義地域には、風よけのかしぐねや越屋根のある養蚕家屋が残っている。黒田教授は刈り込んだ防風林や畑、水路を含めた面的な景観の美しさをたたえた。

風景の感じ方は個々により異なるが、より良い景観は人を引きつける。大量消費社会は時にまちなみも画一化する。できることから始め、魅力ある風景を守り育てていきたい。

（2017年3月12日付）

富岡市は世界文化遺産にふさわしい地域にと、景観行政団体指定とともに、市景観条例の制定をはじめ、富岡製糸場周辺の街並みを維持するさまざまな取り組みを導入、住みやすく安全な街づくりを進めている。

住民が自主的に案内役

歳月を重ねた柱や梁《はり》が交差する屋根最上部の総櫓《やぐら》。窓を開けると、春の空気が舞い込む。伊勢崎市境島村に残る大型養蚕家屋の一つ「進成館」は換気を重視する養蚕技法「清涼育」のために田島弥平が考案した櫓内部を見学できる。

現当主らが毎月第3日曜の一般公開を始めた。弥平旧宅の世界遺産登録記念イベントなどの際に限られていたが、伊勢崎市が4月から同じ日に旧宅母屋1階にある「上段の間」を公開するのに合わせ定例化した。

弥平旧宅の総櫓は内部が非公開のため、同じ江戸末期に作られた建物で構造や雰囲気を感じてもらう試みだ。地元住民らでつくる「島村蚕のふるさと会」がガイド役として協力する。見学者のために階段や手すりも整えた。

世界文化遺産への登録から3年近くたち、弥平旧宅をはじめ県内の4資産の来場者は年々減っている。各自治体が情報発信や公開範囲の拡大を進めているが、歯止めはかからない。

そんな中、住民の自主的な取り組みは心強い。島村地区では旧宅隣の大型養蚕家屋「桑麻館」も2年前から養蚕道具や歴史資料を展示した2階蚕室を公開している。

弥平旧宅では以前から住民らがボランティアで案内役を務め、来場者をもてなし、地元の魅力を伝えている。新たな動きが加わることで、一人でも来訪者が増えることを期待したい。

（2017年4月4日付）


田島弥平旧宅の敷地内ある蚕種貯蔵施設「冷蔵庫」について調査していた伊勢崎市は、内部の石などを取り除き、2017年11月、特別公開した。引き続き蚕種製造の歴史解明を進めていく。

養蚕継承の輪を

富岡市が改修した同市南後箇の空き家養蚕家屋。富岡製糸場が創業した１８７２（明治５）年ごろに建てられ、換気用の立派な越屋根が残る。市地域おこし協力隊の高橋淳さん（31）が先月入居し、２階蚕室で春蚕７５００匹を飼い始めた。

今月中旬の内覧会。近くの60代男性は蚕室にある繭作り用の回転まぶしを見て、「この地域は父親の時代まで養蚕が一番の収入源。だから皆本気だった」と話した。

黒い柱には「群馬県護国神社養蚕御守護」と書いた札が貼られ、養蚕の無事と繭の豊作を願う先人の思いを伝えている。市内の貫前神社は、富岡製糸場の世界遺産登録を機に２年前復活した養蚕安全祭を４月に実施。古い版木を再利用して刷った養蚕安全祈願札を農家に配った。

高崎出身の高橋さんは父親が繭仲買商で幼少時から蚕や繭が身近にあった。世界遺産の白川郷（岐阜県白川村）で協力隊員として活動していたが、古里の養蚕文化を継承したいと、富岡に昨春移住し、養蚕農家から技術を学んだ。

養蚕道具は実家や農家から譲り受け、庭先の畑に桑を植えた。市民桑園も借りて蚕を年5回飼い、作業を公開、体験イベントを企画する。

「養蚕に関わる人を増やしたい。初めてでも繭をしっかり生産したい」と高橋さん。新たな体験拠点を活用し、養蚕継承の輪を広げていってほしい。

（2017年5月21日付）

富岡市は空き家対策特別措置法に基づき、2017年3月に空き家対策計画をまとめ、対策に取り組んでいる。空き家養蚕家屋の借り上げもその一環で、養蚕の担い手不足対策でもある。

家庭用製麺機に光

小野式、田中式、永井式、日本式—。昭和の終わりごろまで、主に農家に普及し、活躍した手動の家庭用製麺機の名前だ。木製の台座に手回しのハンドルが付いた鋳物の本体。ローラーで生地を伸ばし、切刃で麺を切断し、1台2役をこなした。

鋳物の街として栄えた埼玉県戸田市や川口市で製造が盛んだった。もともとメーカーの一部は繭のけば取り機など、養蚕用の機械を製造していたという。

安中市の地域づくり団体、未来塾は今月7日、製麺機を使ったうどん作りの体験会を開いた。代表の松本立家さん(60)は知人に声を掛けて17台を集め、数カ月かけて整備した。一度分解し、部品のさび取りや洗浄をしてから復元。年配者は昔を懐かしみ、初めて触れた子どもはハンドルを回すのに夢中になった。

かつては短時間で手軽に食事を作れるとあって、養蚕農家の繁忙期の負担を軽減するのに重宝した。うどん作りを子どもの仕事としていた家庭もあったようだ。

「長い年月を経ているのに製麺機が捨てられずにいたのは特別な思いがあったからではないか」と松本さんは推測する。今後、高齢者施設に貸し出したり、地粉を使った料理のブランド化を進めたりと活用する予定だ。

春蚕の世話が忙しい季節を迎えた。養蚕と深いつながりがある本県の粉食文化を支えた製麺機に再び光が当てられる。

（2017年5月26日）

群馬県の小麦生産量は北海道、福岡、佐賀に次いで全国4位（2018年）。本州では最多を誇る粉食県。主力品種は「さとのそら」「つるぴかり」「きぬの波」とパン向きの「ダブル8号」。

遺産を深く学ぶ場に

「田島弥平旧宅が登録された直後、観光客は20分くらいしかいなかったけれど、最近は滞在時間が長くなり、深く知ろうという人が増えている」

「富岡製糸場と絹産業遺産群」の世界文化遺産登録3周年を記念して県などが開いたパネルディスカッション。パネリストの1人で、ぐんま島村蚕種の会会長の栗原知彦さんの言葉だ。

下仁田町の荒船風穴に関して、1カ月ほど前に同じようなことを耳にした。風穴の見学者は前年より減ったものの、町歴史館とセットでの見学者は増加。町関係者は「見学者が風穴を深く学ぼうとしている」と、こうした傾向を歓迎しているという。

富岡製糸場や弥平旧宅などが世界文化遺産に登録されて3年余り。構成資産の見学者数の減少を懸念する声が大きくなりつつあったが、２つの例を聞いて、ほっとした。

大勢の見学者が訪れれば地元は潤う。しかし、訪れる人数は少なくても、絹遺産の価値や歴史、他地域との結び付きなどを学び、何度も足を運んでくれれば、よりよい結果を生むと思うからだ。

絹遺産を介して、新たな交流や連携、アイデアが浮かぶかもしれない。そのためには、価値や魅力をより的確に伝える努力、体制の整備も必要だろう。絹遺産にはそれを可能にする力がある。地域を変え、日本を変えていく力となるはずだ。

（２０１７年12月23日付）

「富岡製糸場と絹産業遺産群」の構成４資産の入場者数は２０１８年度が56万７９８４人で、前年度から11万５７４１人減った。減少への対策は必要だが、それ以上に重視すべきなのは、どれだけきちんと評価されているかだろう。

金子兜太さんと蚕の国

「桑の実と蚕飼《こがい》の昔忘れめや」。98歳で亡くなった戦後日本を代表する俳人、金子兜太さんが2年前、主宰する俳誌「海程」巻頭ページの「東国抄」に掲載した句である。生まれ育った埼玉県秩父地方は古くから養蚕、織物が盛んな土地。実家でも養蚕をしていたので、繭や蚕を題材にした作品を少なからず残した。

「裏口に線路が見える蚕飼かな」は若き日、日本銀行の面接試験で、「どんな句をつくるのか」と聞かれ、とっさに「郷里の秩父は養蚕の国だ」という思いから披露し、褒められたという。

「朝日煙る手中の蚕妻に示す」は、激戦地での過酷な経験の後に復員し、結婚したばかりの妻と秩父の農家に立ち寄った時のことだ。「山脈《やまなみ》のひと隅あかし蚕《こ》のねむり」。

養蚕の記憶は金子さんにとって忘れがたい特別なものだった。

「東国抄」という表題について、当初は別の意図もあったが、〈自分のいのちの原点である秩父の山河、その「産土《うぶすな》」の時空を、心身を込めて受けとめようと努めるようになり、この題は、産土の自覚を包むようになった〉（句集『東国抄』あとがき）。

12年前、富岡製糸場で開かれた「金子兜太が語る『東国自由人の風土』」で金子さんは、「絹の国」の人々が持つ自由な気質を強調した。その言葉には、「いのちの原点」である生地への深い愛情が込められていたことに気付く。

（２０１８年2月25日付）


２００５年11月、金子兜太さんは富岡製糸場で「太平洋の匂い秋冷の繭倉庫」「製糸の町唐辛子の紛販ぐ店も」「国富なりし製糸や庭に老百日紅」「開明の秋燈きらめく繭倉庫」などの句を詠んだ。

新庁舎に「きびそ」

完成したばかりの富岡市役所新庁舎を見学した。自然光が差し込む、明るく開放的な建物内を巡ってまず感じたのは、久しぶりに再会した旧友のような親しみだ。

なぜだろう。設計した建築家、隈研吾さんが落成記念講演で、新庁舎に込めた思いをこう述べた。「21世紀になり、世界の建築は地域の特性を生かす流れに変わっている。その最先端を走るものにしようと設計した」

いちばんの地域の特性は「富岡製糸場のあるまち」だろう。それにふさわしい建材として、繭から糸を取るときに出る副産物「きびそ」を壁紙に用い、養蚕農家に見られる越屋根《こし》を採用した。

東京五輪の主会場となる新国立競技場を設計した隈さんは、建築設計でいつも意図している重点の一つが、地元の自然素材を使うことだという(『なぜぼくが新国立競技場をつくるのか』)。それは富岡でも貫かれた。

新庁舎の正面入り口には、県産繭を素材に花を形づくった「花まゆ」の作品がある。これもまた、糸が取れなくなった繭や副産物を使った生成りの桜。考案者である名古屋市の花工芸家、酒井登巳子さんが制作した。

作品名の「継桜(つなぐさくら)」は養蚕の継承を願ってつけたという。花工芸家と建築家が生み出したものに共通するのは、自然への畏敬の念と、地域に刻まれた人々の記憶をいとおしむ姿勢である。

(2018年3月30日付)

きびそは、安中市の碓氷製糸で出たものを活用。桐生市の糸加工業者を経て京都市で糸状のまま壁紙に接着した。新庁舎の吹き抜けエントランスの壁には不均一な太さのきびそ糸が並んでいる。

生糸のまち前橋を築いた人々

幕末・明治からの前橋の発展に尽くした初代前橋市長、下村善太郎をはじめとする生糸商、製糸業者ら25人を取り上げた『下村善太郎と当時の人々』（栗田暁湖著、1925年刊）をよく読み返す。私財を投じて前橋城再築、前橋への県庁誘致、鉄道延伸、臨江閣建設などに取り組んだ先人たちの事績、思想から人柄までを、多くのエピソードを挙げ紹介しており、後世に何としても伝えたいという著者の強い意気込みが伝わってくる記述だ。

前橋商工会議所の創立120周年を記念して先月に出版された『製糸（いと）の都市（まち）前橋を築いた人々』もまた、彼らの気概を語り継ぐことへの熱い思いが感じられる歴史顕彰誌である。

「生糸のまち」の歴史と文化を深く掘り下げ、製糸、蚕種、養蚕業の足跡や現状などを分野別にまとめており、これまでの類書以上に充実した内容になっている。とりわけ大きな特徴は、「人物編」として94人もの経済人たちを紹介していることだ。

一人一人が高い志をもって都市基盤の整備に情熱を注いだことがわかり、現在の前橋のまちの在り方を考えるうえでも、多くのヒントと刺激を与えてくれる。

今年は明治元年から150年の節目。全国各地で記念事業が繰り広げられている。日本の近代化に大きな貢献を果たした前橋の生糸商らの歴史的役割をより深く学ぶいい機会だ。

（2018年4月8日）

前橋市の明治期の迎賓施設、臨江閣が2018年、国重要文化財に指定された。初代県令、楫取素彦の提言を受け、下村善太郎が土地を提供、前橋の製糸業者らの寄付金により建設された。

日本絹の里の20年

「これは、私が終生を捧げる仕事になる」。遺伝学者の田島弥太郎さん（1913～2009年）は旧群馬町に建設される県立日本絹の里の初代館長の就任依頼を受け、そう感じたという。1998年、84歳だった。

「伝統ある蚕糸絹業の重要性に鑑み、蚕糸及び絹に関する県民の理解を深める」との設置目的と構想に心打たれたからで、すぐに快諾した。

蚕種業で栄えた旧境町島村の養蚕農家の生まれで、蚕を使った遺伝学の権威。低迷する蚕糸業の振興を願ってきた一人として、「絹文化とともに産業自体も支えられれば」と強い意気込みを語った（98年10月27日付上毛新聞）。

それから20年。絹の歴史や技術を紹介する展示に何度、目を見張らされたことか。

絹の国群馬ならではの掘り下げ、染織などの体験学習が多くの人たちに絹の素晴らしさを伝え、入館者は60万人を超えた。

この間、「蚕糸及び絹に関する県民の理解」は飛躍的に深まった。絹文化の継承、活用とともに、蚕糸業そのものも再生に向けた取り組みが進んでいる。

「富岡製糸場と絹産業遺産群」の世界遺産登録が大きく作用したが、それ以前から高い志をもって価値を発信し続けてきた同館の役割の重さを改めて実感する。21日には20周年記念式典がある。絹文化を後世に継承する拠点として、一層の充実を図ってほしい。

（２０１８年４月20日付）

日本絹の里は蚕糸絹業振興の拠点として群馬県が１９９８年に開館。公益財団法人群馬県蚕糸振興協会が指定管理者となり、豊かな絹文化、絹産業の技術などを伝える展示や染色、機織、繭クラフトなどの体験学習を行っている。

絹産業継承につなげて

多くの観光客でにぎわう「横浜赤レンガ倉庫」は、明治末〜大正初めに保税倉庫として横浜港に建設された歴史的建築物である。

2002年、横浜市によって文化・商業施設として再生されたが、保全に向けた取り組みが始まってからここに至るまで30年以上を要した。

〈もし取り毀《こわ》されていれば、永久に消えて、もはや復元することは不可能である〉。そう指摘したのは都市プランナーの田村明さん。赤レンガ倉庫の保全を当初から〈横浜の都心部開発の天王山〉と位置付け、プロジェクト推進の中心となった人物だ。

歴史的遺産を生かした都市づくりに試行錯誤を続けた経験から、保全の実現には〈ものをつくる以上のエネルギーと智恵と汗〉が必要だと説いた（中公新書『都市ヨコハマをつくる』)。

「富岡製糸場と絹産業遺産群」の世界遺産登録から来月で4年。構成資産ごとに保全・活用の課題は山積しており、来春開設される総合ガイダンス施設「世界遺産センター」が担う役割は極めて大きい。

注目したいのは、存続の危機にある蚕糸絹業を継承する動きが始まり、再生の可能性も生まれていることだ。これまでにない世界遺産保全の成果ではないか。県産シルクのブランド力向上を図る県の新年度事業をはじめ、官民の「エネルギーと智恵と汗」が絹産業振興に結びつけば素晴らしい。

(2018年5月6日付)

群馬県は養蚕の新たな担い手を育てるため、「ぐんま養蚕学校」を2016年から毎年開講。県蚕糸技術センターで養蚕に必要な知識や技術を学んでもらい、新規参入の助成を行っている。

風穴の全景伝える風景画

不思議な絵である。山間の林に囲まれた土地にある４棟の建物と石垣。素朴な風景画なのに、細部を見ていると、描いた人の激しく湧き起こる感情がそこに秘められているように思われるのだ。

世界文化資産「富岡製糸場と絹産業遺産」の構成資産の一つ、「荒船風穴」（下仁田町）の全景を描いた油絵が見つかったと聞き、展示されている町歴史館を訪ねた。横82センチ、縦55センチで、操業最盛期の１９１７（大正６）年から翌年に描かれたものらしい。

荒船風穴は岩の間から吹き出す天然の冷風を使った蚕種の貯蔵施設。稼働は１９０５（明治38）年から昭和初めころまでで、貯蔵能力は国内最大となり、日本の繭生産に大きく貢献した。

秋池武館長によれば、描いたのは風穴を経営した庭屋静太郎の養子で、建設や運営の中心的な役割を担った庭屋千寿《せんじゅ》（１８８２～１９３７年）の可能性が高いという。これまで施設を部分的に撮った写真などは残されていたが、全体が分かるものはなかっただけに、当時の様子や詳細を知るうえで極めて重要な資料だ。

それとともに作品から伝わってくるのは、自然エネルギーを使った高度な風穴技術の研究・活用に挑戦し多大な成果を生んだ当時の人々が感じたであろう、手応えと誇りである。先人の気概を静かに語ってくれる遺産が新たに加わったことを喜びたい。

（２０１８年６月17日付）

油絵が見つかったのは、荒船風穴操業時の事務所「春秋館」跡。１９０１年から38年ごろまで蚕種の仕分けなどに使われていた。建物は２０１８年、町文化財に指定、翌年、ぐんま絹遺産に登録された。

新聞誕生と上州の生糸商

日本で最初の日刊日本語新聞「横浜毎日新聞」が創刊されたのは1871年1月28日（旧暦明治3年12月8日）のことだ。

当時の神奈川県令が企画し、茂木惣兵衛、吉田幸兵衛、原善三郎ら横浜の有力生糸売込商の資金協力を得て発行に踏み切った。茂木は上野国高崎（現高崎市）、吉田は大間々村（現みどり市）の出身で、原は藤岡に接する武蔵国渡瀬村（現埼玉県神川町）の生まれ。

横浜開港後、全国屈指の生糸生産地・上州の糸を主に扱い成功を収めた人物たちが、文明開化の象徴である新聞の誕生にも深く関わったのである。

創刊の辞では、世界貿易の基本を見極め、商人たちの活眼を開かせることを目的に挙げた。「活眼」とは「物事の道理や本質を見通す眼識」。新聞人だけでなく、貿易の最前線で活躍した茂木らにとっても不可欠な資質だったに違いない。

明治維新150年に合わせ、明治期の重要な事象、出来事を新聞がどう伝えてきたかを紹介する企画展「新聞が伝えた明治―近代日本の記録と記憶」(横浜・日本新聞博物館)で浮かび上がるのは、激動する時代を記録する記者たちの苦闘の跡だ。

「横浜毎日新聞」創刊号(複製)や、大日本帝国憲法発布、日清・日露戦争、足尾鉱毒問題などを報じる紙面で新聞の役割と歴史を掘り下げる展示を見て、活眼のもつ意味の重さを実感する。

(2018年7月29日付)

横浜毎日新聞創刊号の原紙(国立国会図書館蔵)は1964年、本県の高山村旧家で発見された。この家には、明治2年に前橋藩が開設した横浜生糸直売所に勤務していた人がいたという。

「群馬の蚕神」調査

1893（明治26）年5月6日、榛名山東南麓を中心にほぼ県内全域の桑園が甚大な凍霜害に見舞われた。〈一朝にして桑葉悉《ことごと》く黒変し一望野に青色なく恰《あたか》も晩秋の景状を呈し（略）やむなく（初眠前後だった）蚕児は之《これ》を川に投じ、或《ある》いは土中に埋め〉たという（『県蚕糸業史　上巻』）。

「前代未聞の巨災」に強い衝撃を受けた養蚕農家が行ったのは、蚕を供養する蚕霊碑の建立だった。自然の脅威にさらされる養蚕農家は、蚕を守るため養蚕の神を信仰し、安全や豊蚕を祈願した。

ボランティア団体「富岡製糸場世界遺産伝道師協会」が県内全域で蚕神の総合調査

を行い、先月発行した報告書『群馬の蚕神』によれば、同年の凍霜害を受けて建てられた蚕霊碑（文字塔）は16件に上るという。

安中市原市の絹笠神社境内にある「霜災懲毖之碑《ちょうひのひ》」はその一つ。「懲毖」とは〈反省し慎む〉ことを意味し、〈惨状を反省し、後世に伝えるために建立された〉（報告書）という。慰霊とともに、災いを教訓としようという意図が込められたのだ。

報告書には、養蚕の衰退に伴い忘れられつつあった文字塔をはじめ、石祠《せきし》、石像など456件の蚕神が紹介されている。一つ一つに、蚕を大切にする思い、被害を克服するための知恵が刻まれており、当時の養蚕農家の心を伝えるかけがえのない文化遺産である。

（2018年8月19日付）

富岡製糸場世界遺産伝道師協会は2019年、破損していた安中市西上秋間の蚕神の文字塔を地区の住民らとともに修復する活動を行った。同協会はこれをきっかけに修復、保存の動きが広がればと期待している。

産業として残す

「群馬では絹産業が遺産ではなく、産業として残っている」。先週、東京都品川区の大井競馬場で開かれた群馬シルクを発信するイベントの講演会で、カイコの遺伝子組み換えを研究する専門家がそう語った。

存続が危ぶまれる絹産業が維持され、新たな可能性も生まれているのは、長い歴史のなか、蚕糸業の振興に力を尽くした多くの先人たちの蓄積と、絹産業遺産群の世界遺産登録による後押しがあったからである。

功労者の一人、元大日本蚕糸会副会頭の茂木雅雄さん（88）＝安中市松井田町＝に、終戦直後からの蚕糸業を巡る試行錯誤を聞く機会があり、改めてその思いを強くした。

若くして養蚕農家を継ぎ、地元で稚蚕共同飼育所を軌道に乗せた。さらには11戸の若手農家で組合を設立、集団桑園を基礎に養蚕を協業化して行うという、前例のない試みで成果を上げた。

小規模な養蚕農家が力を合わせ努力を重ねて危機を乗り越えた実例である。その経験は、以後務めた碓氷製糸農業協同組合（昨年、株式会社に組織変更）組合長、全国の組合製糸のリーダーとしての仕事でも生かされた。

〈養蚕は土に根を深く張った雑草のように、かたちを変えて生き続けるものと信じてきました〉。茂木さんの足跡を振り返る文章にこんな一節があった。数々の決断と実践を経た重い言葉である。

（２０１８年10月14日付）

国内に残る大規模な製糸工場は碓氷製糸と松岡株式会社（山形県酒田市）の2社のみとなっている。碓氷製糸は２０１７年度、10県から71・5トンの繭を受け入れ、13・6トンの生糸を生産した。

すがすがしい経営理念

幕末・明治からの絹産業の振興を担った人々の先進的な考えや行動にどれほど多くのことを学んだことか。中でも、養蚕農家を組合員とする安中市の組合製糸、碓氷社を経営した萩原鐐太郎（１８４３～１９１６年）の経営理念には、とりわけ深みを感じる。

前身の「碓氷座繰精糸社」が設立したのは、１４０年前の１８７８（明治11）年。手作業の座繰り製糸技術により、明治期は質、量ともに器械製糸を凌駕《りょうが》する生産を続けた。

一番の特質は〈家内工業の大同団結であり、それぞれの家庭の幸福、すなわち一家団欒《だんらん》を経営目的の基礎として組織した〉（『碓氷社五十年史』）ことだ。

〈精良なる製糸〉で収益を上げることと家庭の幸福を併せて得ることを目指すこの理念に触れるたびに、すがすがしい気持ちになる。

蚕糸業はその後、曲折を経て衰退を続けてきたが、富岡製糸場と絹産業遺産群の世界遺産登録を機に復興させようという機運が生まれている。注目されるのは、これまでにない方法で企業、個人が新規参入していることだ。

人材サービスのパーソルサンクス（東京）が昨年、富岡市で障害者雇用と養蚕継承を目的に「とみおか繭工房」を開設。障害があるメンバー、職員22人が養蚕を行い、順調に生産を伸ばしている。依然として厳しい環境の中、高い志をもつ継承者は頼もしい。

（2018年11月18日付）

「富岡製糸場と絹産業遺産群」の世界文化遺産登録後、群馬県内ではパーソルサンクスをはじめ21の個人・団体があらたに養蚕を始めた。このうち7人は「ぐんま養蚕学校」の修了生。

豊かな粉食文化

身近に接しているものが、実はかけがえのない存在なのだと気付かされることがある。その代表が食べ物だ。

小さいころから当たり前のように食べてきた「おきりこみ」が「群馬の粉食文化・オキリコミ」として、２０１４年に県の選択無形民俗文化財になったとき、その判断の基本にある、食を文化として捉える考え方に触れ、新鮮な驚きを感じたのを覚えている。

〈郷土食・伝統食の文化財的な価値が公に認められたということであり、快挙といってよい〉。今夏に出版された『おきりこみと焼き饅頭　群馬の粉もの文化』（横田雅博著、農山漁村文化協会発行）では、継承が危ぶまれていたおきりこみが文化財となった意味の大きさを強調している。

長年にわたる実地調査を基に、群馬の歴史、風土に根差す豊かな粉食文化の起源や養蚕との関わり、調理法の違いなどを民俗、地理の観点で多面的に検証した労作だ。

ゆでまんじゅう、焼きもち、すいとん、もんじゃ焼きなどの考察に温かみを感じるのは、子どものころに母親が作ってくれた料理の記憶をよみがえらせ、〈今でも粉ものが好きである〉という著者の、身近な食への深い愛着が伝わってくるからだろう。

打ち粉のついたままの生麺を煮込むため、独特のとろみのあるのが特徴のおきりこみ。身も心も温めてくれるごちそうである。


（2018年12月4日付）

養蚕農家で盛んに作られたおきりこみを代表的な名物料理に育てようと、群馬県は、2013年から「おっきりこみプロジェクト」を開始。県内の提供店マップ作製やPR活動を行っている。

ＧＭ蚕の可能性

「養蚕農家にとっては救世主のような取り組み。これまでになかった夢を与えてくれる」。ＪＡ前橋市養蚕連絡協議会長の松村哲也さん（71）＝同市東大室町＝が熱を込めて語った。

先週、「蚕糸業の新たな展開を目指して」をテーマに前橋で開かれたシンポジウム。遺伝子組み換え蚕（ＧＭ蚕）への思いを問われた時のことだ。存続が危ぶまれる蚕糸業を最前線で守ってきた人の発言であり、重みがあった。

家業を継ぎ養蚕を始めて半世紀近く。生糸・繭価格が低下するなか、良質の繭作りに励み、優良生産者として大日本蚕糸会の蚕糸功労賞などを受けてきた。しかし養蚕農家は減少の一途で、繭代を手厚く補てんする国の対策も転換された。

ＧＭ蚕と出合ったのはそんな時期。蚕糸業の維持・発展を目指す新産業創出プロジェクトとして、２０１０年、県などからの委託で県蚕糸技術センターに出向きＧＭ蚕の実用飼育を始めた。

当初は戸惑った。が、すぐに高機能絹糸の生産、医療分野への活用などの可能性の大きさが分かり、養蚕復興に希望を持つことができたという。

国の承認を受け、昨年から養蚕農家でのＧＭ蚕の飼育が始まり、プロジェクトは新たな段階に入った。「富岡製糸場と絹産業遺産群」の世界文化遺産登録を機に広がっている絹文化継承の活動と連動させ、夢をかなえたい。

（２０１８年12月23日付）

ＧＭ蚕は現在の農業・食品産業技術総合研究機構が２０００年に開発。技術を応用した光る生糸や化粧品、医薬品づくりで新産業の創出につなげるため、同機構と群馬県蚕糸技術センターが共同して研究を進めている。

かるたに込めた蚕糸復興

「上毛かるた」の読み札の資料を募集する告知が上毛新聞に掲載されたのは、1947年1月のことだ。2カ月余りで272件が寄せられた。

教育関係者や郷土史研究者らで構成する選衡《こう》委員会は検討にあたり、「史跡」など9種に分類した。このなかの「名物」のトップは「繭、生糸、養蚕」。3、4位が「伊勢崎銘仙」「桐生御召《おめし》」で、絹産業が多くを占めた（西片恭子さん著『上毛かるたのこころ―浦野匡彦の半生』）。

日本の近代化を支えた輝かしい歴史をもつ群馬の絹産業は戦時体制下、衰退を余儀なくされた。しかし戦後すぐに国の蚕糸業復興計画が打ち出され、本県でもいち早く繭増産の動きが始まった。そんな時期に集まったかるたの素材から伝わるのは、荒廃から立ち直るために、何としても次代に継承したいという県民の願いだ。

これをもとに「繭と生糸は日本一」「銘仙織出《おりだ》す伊勢崎市」「桐生は日本の機どころ」「日本で最初の富岡製糸」「県都前橋生糸《いと》の市《まち》」などの読み札が作られた。

県立日本絹の里の特別展「上毛かるたでめぐる絹文化」では、これらを含め、間接的に絹と関わりのある札にも光を当てている。

短い言葉で本質を捉える表現とその数の多さに、改めて「絹の国群馬」の豊かさを実感させられた。かるたを通して絹文化への理解をさらに深めることができそうだ。

（2019年1月6日付）


上毛かるたは群馬県民に深く浸透しており、「繭と生糸は日本一」「日本で最初の富岡製糸」などの読み札は県民のほとんどが覚えている。これが世界遺産登録運動の原動力の一つとなった。

渋沢栄一と日本の絹産業

1万円札といえば福沢諭吉、というイメージがあまりに強く、別な人物ではすぐになじめないのではないか。

新紙幣の刷新で肖像が変わるというニュースに、そんな感想をもった。が、埼玉県深谷市出身の官僚、実業家の渋沢栄一（1840〜1931年）と知り、心配はすぐに消えた。

生涯で500もの企業の創設に関わり、近代日本資本主義の父と称される突出した経済人である。その事績は、時を経てますます輝きを増して見える。

教育、社会福祉、国際交流にも積極的に取り組んだ歴史に刻まれる偉人として、何冊も伝記が出版されている。著書『論語と算盤《そろばん》』の言葉で象徴されるような「道徳と経営は合一すべきである」という理念とその実践は広く紹介されてきた。
そのなかで、さらに強い光を当ててほしいと思うのは、絹産業への多大な貢献である。大蔵省時代には官営富岡製糸場の建設を主導し、島村（伊勢崎市境島村）の日本で最初の蚕種専門会社、島村勧業会社の設立を指導するなど、使命感を持って振興に尽くした。
その基にあるのもまた、得た利益を社会全体の発展のために使うという「公益」の精神だ。蚕糸絹業に携わる人たちの生産活動に少なからぬ影響を与えている。官民ともにモラルの欠如による不祥事が相次ぐなか、渋沢の生き方がその戒めになればと願う。

（２０１９年４月10日付）

蚕と生糸の産地だった群馬県南部と埼玉県北部の七市町でつくる上武絹の道運営協議会にとって、深谷市出身の渋沢栄一が１万円札の肖像に採用されたことは、中心事業である絹産業の体験学習や観光振興の大きな後押しとなる。

養蚕安全のお札

「養蚕安全」と書かれた貫前神社（富岡市一ノ宮）のお札を手にして、背筋が伸びる思いがした。年初に訪れたときのこと。危機にある絹産業の取材をすることが多く、その振興を願う者の一人として身近に祭りたいと思っていた。

蚕の飼育は難しく、天候などにも左右されるため、養蚕農家は蚕を守ろうと養蚕の神を信仰し、豊作を祈った。養蚕、機織りの神が祭られる同神社はその代表格として、多くの人々の心の支えとなってきた

そんな蚕神も蚕糸業の衰退に伴い忘れられるようになり、同神社で江戸時代から続けられてきた「養蚕安全祈願祭」は、１９９０年代から途絶えていた。

しかし「富岡製糸場と絹産業遺産群」の世界文化遺産登録を機に２０１６年に復活。

今年も春の養蚕を前にした4月20日、参列者が良い繭ができるよう祈り、養蚕安全のお札を持ち帰った。祈願祭は、蚕神を若い世代に知ってもらう機会にもなり、大きな意味をもつ。

富岡製糸場世界遺産伝道師協会がまとめた「群馬の蚕神めぐり」は、蚕神への理解をさらに深めたい人にとって頼りになるガイドブックだ。

会員が県内全域で行った総合調査をもとに、石像、文字塔など蚕の神々を見て回る12のコースを紹介している。車でたどると、時代ごとに培われた知恵や気概が伝わってきて、絹文化の奥深さを実感する。

（2019年5月12日付）

世界文化遺産に登録後、構成資産やその周辺の調査・研究が活発になっている。蚕神の研究はその一つ。絹産業を背景にした生活文化、関連する歴史遺産など多くの研究課題が残されている。

遠望するまなざし

「国難のときこそ、『遠望するまなざし』が求められる」。東日本大震災から2年後の2013年、前橋市出身の評論家、思想家の松本健一さん（1946～2014年）がインタビューでこう述べた。

戊辰戦争に敗れ荒廃していた越後長岡藩の復興のため教育事業に力を尽くしたという、「米百俵」の逸話で知られる小林虎三郎の姿勢を言い表した言葉だ。

苦境のなか、人づくりという時間のかかる改革を進めた虎三郎の真意を、松本さんは「子弟を教育することで、あるべき政治の方向を考えることができる人材を育てられると考えたから」と捉えた。そして大震災はもちろん、大きな節目においても不可欠な姿勢だと説いた。

「富岡製糸場と絹産業遺産群」の世界文化遺産登録から21日で5年となる。同製糸場の18年度の入場者数は初年度の4割を下回ったという。しかし数字では捉えにくい、民間団体や関係自治体、県などが保全・継承のために繰り広げてきた活動の充実ぶりには目を見張るものがある。

その原動力となったのは、登録運動のなかで生まれた地域への自信と誇りである。人類の宝を未来につないでいくために、担い手の高齢化、多額な修復費などさまざまな問題を抱える。

克服するには登録後の蓄積を基に、50年、100年先を遠望した取り組みに知恵を絞る必要がある。

（2019年6月16日付）

遺産の保全・継承の基本は、その価値を深く理解してもらうこと。そのためには、世界遺産センターの充実とともに、歴史的意義を伝える人材育成を将来を見据え整えていく必要がある。

絹の国の地方紙として─「三山春秋」が担うもの

本書は１９９４年10月から２０１９年６月までの25年間に上毛新聞１面に掲載されたコラム「三山春秋」のうち、絹文化、絹産業、「富岡製糸場と絹産業遺産群」の世界文化遺産登録運動、登録後の保存・活用に関わる文章を、時代を追ってまとめたものです。

このテーマのコラムを選び出してみると、２５０編に及びました。想定していた数を大きく超えていたため、やむなくメッセージの重要性などを考慮して厳選を重ね、１００編に絞りました。

内容は、上毛新聞社の「シルクカントリー群馬キャンペーン」と連動した文章が中心です。これに、前身となった「近代化遺産保存活用キャンペーン」（１９９４～99年）の時期や、登録運動が始まる直前のコラムも収録しました。その時代にしか書けないと思われる主張や考察が多く含まれていたためです。

書かれた後の状況の変化や時代背景などを理解してもらうため、補足としてコラムの末尾に脚注を加えました。

登録運動が広がるなかで、忘れられつつあった絹文化への関心が高まり、衰退を余儀なくされてきた絹産業をめぐる環境も大きく変わっていく、その過程を、折々のコラムにより伝えられればと思います。

上毛新聞と絹産業

幕末、明治期、日本の近代化を支えたのは、最大の輸出品だった生糸であり、これを生産する絹産業の中心となったのが群馬でした。

上毛新聞社が創刊したのは明治20（1887）年。群馬の養蚕、製糸業が拡大し、出身者が横浜の代表的な生糸商として華々しく活躍していた時代です。

創刊号の「発刊の辞」では、果たすべき目標として「輿論の煥発者」「社会の羅針盤」「長足の政治改良」「国利民福」を掲げました。その実現のために「絹の国の地方紙」として最も力を入れた取り組みの一つが、絹産業、絹文化の振興に関わる報道でした。

その内容は、情報提供だけにとどまりません。羅針盤の役割を担おうという気概を持ち、是々非々の立場で論陣を張り、絹産業、絹文化のあるべき方向を読者とともに考えてきました。

上毛新聞社が「シルクカントリー群馬キャンペーン」を始めたのは2005年5月。群馬県が富岡製糸場の世界遺産登録に向けたプロジェクトを始動させたのがきっかけでした。しかし、そのもとになったのは、創刊時からの絹産業報道の蓄積であり、キャンペーンは新聞社としての初心に立ち返る取り組みでもありました。

誇りと愛着のもてる地域づくりのために

収録したコラムの多くは、長く群馬の基幹産業であった養蚕、製糸、織物業が存亡の危機を迎えていた時、世界文化遺産登録運動が始まり、県民の共感を得て登録に到る、そんな動きのなかで書かれています。

第1章「模索　戸惑いから期待へ」は、2007年に「富岡製糸場と絹産業遺産群」が世界文化遺産国内暫定リスト入りするまでの県民の戸惑いや、逆風のなかで地道に啓発活動に取り組む市民団体の苦労が描かれています。「登録などあり得ない」という声も少なからずあり、行政の担当者でさえも半信半疑であった当初の状況がうかがえます。

第2章「誇りと愛着　絹文化の豊かさを伝えて」では、絹産業遺産の価値、絹文化のかけがえのなさを強調するコラムが続きます。暫定リスト入りに伴って登録の可能性が高まるにつれ、絹文化の歴史と文化を見直し、衰退する絹産業の維持、振興を図ろうという動きも本格化しました。

そして第3章「世界遺産とともに　保存・活用のあり方を問う」は、登録後に直面する、保存・活用の課題、地域再生に生かす方法の模索などが中心テーマになっています。

コラムの基本にあるのは、誇りと愛着のもてる地域づくりを読者とともに考える姿勢です。この小さなコラム集が、大きく広がりつつある、絹の物語を未来へつなぐ取り組みの一助になればと願います。

上毛新聞社顧問論説委員　藤井　浩

「富岡製糸場と絹産業遺産群」の世界文化遺産登録運動と上毛新聞社シルクカントリー群馬キャンペーンの歩み

1986年

4月　富岡製糸場の歴史と文化を物語として伝える『赤煉瓦物語』を富岡市などの有志による「赤煉瓦物語をつくる会」が出版

5月　富岡青年会議所が富岡製糸場中庭で「ザ・シルクデー」と銘打ったイベントを開く。以後、2008年まで毎年開かれる

1987年

2月　片倉工業が富岡製糸場の操業を停止。以後も維持・管理を継続し、これが世界文化遺産登録につながる

11月　上毛新聞社が創刊100周年

11月　佐波郡境町島村（現伊勢崎市）出身の蚕の遺伝学者、田島弥太郎氏が本蚕糸会の蚕糸功労者表彰の最高賞、恩賜賞を群馬県関係者としては38年ぶりに受賞。以後、小寺弘之群馬県知事（2001年）、茂木雅雄氏（2013年）、高木賢氏（2016年）、大沢正明群馬県知事（2019年）が同賞を受賞

12月　富岡製糸場の創設当時に長野県松代から工女として入場した春日蝶が郷里に送った手紙が見つかる。同じ松代出身の工女、和田英が書いた回想録『富岡日記』とともに工女の生活や考え方を伝

える貴重な歴史資料

1988年 12月 富岡製糸場の文化的価値を知るため富岡甘楽地域の住民が「富岡製糸場を愛する会」を発足

清水一郎群馬県知事が県議会で、富岡製糸場について、今後、国の文化財指定を受けて保存する方向で片倉工業と協議を進める方針を示す

1990年 4月 **群馬県近代化遺産総合調査を秋田県とともに全国に先駆けて実施（～1991年）**

1991年 群馬県蚕業試験場（2007年から群馬県蚕糸技術センター）が群馬のオリジナル蚕品種「世紀21」を開発。以後も、ぐんま200（1994年）、新小石丸（1998年）、ぐんま黄金（2001年）、新青白（2001年）、蚕太（2003年）、上州絹星（2007年）、ぐんま細（2013年）などを次々と開発

1992年 9月 群馬県近代化遺産総合調査報告書を文化庁に提出。歴史的に重要な富岡製糸場、松井田町の旧碓氷線第三号橋梁（通称めがね橋）など約130件について保存を提言。絹産業遺産が多くを占めた

1993年 松井田町の旧碓氷線第三号橋梁が国の重要文化財に指定される。近代化遺産の指定は全国で初めて

1994年 9月 **上毛新聞社と群馬県が「近代化遺産保存活用キャンペーン」をスタート（～1999年）**

10月 前橋市でシンポジウム「近代化遺産をまちづくりに活かす」開催。前文化庁長官の川村恒明氏が「群馬は日本のシルクカントリー」と発言

1995年 3月 群馬県稚蚕人工飼料センターが群馬町に完成。前橋市関根町にあった施設を移転し充実を図る

4月 群馬県が「オーナー養蚕事業」を始める

6月 皇居の紅葉山御養蚕所の主任を17年務めた神戸禮二郎氏（安中市）の死去に伴い、後任に元蚕業試験場長の佐藤好祐氏（前橋市）が就く

1995年	11月	近代化遺産全国会議を前橋で開催
1996年	10月	文化財保護法の一部改正に伴い文化財登録制度が導入される
	10月	近代化遺産保存活用協議会が発足
	11月	前橋市出身の詩人、伊藤信吉氏と作家の司修氏が近代化遺産保存活用キャンペーンの一環で前橋に残るレンガ倉庫などを巡る
1997年	2月	上毛新聞で司修氏の連載「近代化遺産の美」スタート（～1997年12月）
	7月	群馬県立歴史博物館が企画展「ふたつの製糸工場―富岡製糸場と碓氷社」を開催（～8月）
	8月	群馬県近代化遺産総合調査で調査主任を務めた村松貞次郎氏（東大名誉教授）が死去
	11月	松井田町で全国近代化遺産活用連絡協議会設立総会・シンポジウム「廃線から再生へ―アイアンブリッジと松井田」開催
1998年	3月	群馬県蚕業試験場が超低価格の人工飼料を開発したと発表
	4月	蚕糸絹業振興の拠点として「群馬県立日本絹の里」が群馬町（現高崎市）に開館
	9月	農林水産省の蚕糸課が廃止され畑作振興課内の一部門に
	11月	前橋乾繭取引所が横浜商品取引所に合併され、46年の歴史に幕を閉じる
	11月	日仏シンポジウム「21世紀のシルクカントリーへ向かって」を桐生市で開催
2000年	**11月**	**製糸業のトップメーカー「グンサン」（藤岡市）が解散**
	12月	上毛新聞で連載「繭の記憶」をスタート（～2001年3月まで30回）
	12月	蚕種業者でつくる群馬県蚕種協同組合が蚕種製造から撤退

2001年	11月	「第16回国民文化祭ぐんま2001」開催。箕郷町の演劇グループが自主企画事業として地元の養蚕にまつわる悲話をテーマにした演劇「蚕影様物語」を上演
2002年	4月	群馬県が蚕糸課と流通園芸課を統合して「蚕糸園芸課」を新設。日本一の養蚕県として「蚕糸」の名を残すことに
	4月	群馬県が蚕糸業を存続させるため、稚蚕飼育の経費を国費、県費で助成する「養蚕文化継承地域育成事業」を実施
	4月	群馬県立日本絹の里で「皇居のご養蚕展」開催
	12月	**吉野組製糸所（渋川市）が解散。県内で残る製糸工場は松井田町の碓氷製糸農業協同組合だけとなる**
		群馬県内の養蚕農家が939戸となり、1000戸を割る（戦後のピークは8万4500戸）
2003年	8月	**小寺弘之群馬県知事が「富岡製糸場を世界遺産に登録する研究プロジェクト」を発表**
	12月	群馬県庁内に世界遺産登録推進プロジェクトチームが発足
	12月	繭や生糸の収納庫として使われてきた前橋市の上毛倉庫若宮営業所のレンガ倉庫が解体
2004年	4月	群馬県新政策課内に世界遺産推進室を設置
	8月	群馬県の世界遺産講座受講生がボランティア団体「富岡製糸場世界遺産伝道師協会」を発足
	8月	片倉工業株式会社が富岡製糸場の文化財指定受け入れを決定
	11月	群馬県が富岡製糸場の世界遺産登録推進委員会を設置
2005年	5月	**上毛新聞社がフィールドミュージアム「21世紀のシルクカントリー群馬」キャンペーンをスタート**
	5月	上毛新聞1面で連載「ぐんまルネサンス第一部　絹人往来」スタート

2005年

7月 富岡製糸場が国史跡に指定

9月 シルクカントリーキャンペーンの有識者組織「21世紀のシルクカントリー群馬」推進委員会が発足

9月 「よみがえれ！ 新町紡績所の会」が発足

10月 富岡製糸場の富岡市への引き渡し式。富岡市が暫定管理を開始

10月 上毛新聞社会面で連載「絹の国の物語」スタート（2006年9月まで49回）

11月 富岡製糸場を主会場に「金子兜太が語る『東国自由人の風土』」、シンポジウム、「21世紀のシルクカントリー群馬をめぐって」「絹の国俳句ラリー」開催

12月 「ぐんま島村蚕種の会」が発足

2006年

1月 富岡製糸場の公有地化契約

3月 **群馬県が全国で唯一継続していた繭検定制度を廃止**

5月 上毛新聞第2社会面で連載「私の中のシルクカントリー」スタート（2008年12月まで524回）

7月 富岡製糸場が国重要文化財に指定

六合村赤岩養蚕農家群が群馬県で初めて重要伝統的建造物群保存地区に指定

9月 文化庁が世界遺産暫定リスト追加記載候補を公募すると発表

10月 文化庁が全国の県、市町村を対象に候補物件の公募について説明会

10月 上毛新聞社で「シルクカントリー群馬ネットワーク座談会」開催（2007年2月に県内6団体による「シルクカントリーぐんま連絡協議会」発足）

11月 8市町村の10件の絹産業遺産を構成資産とする「富岡製糸場と絹産業遺産群」の提案書を文化庁に

提出

2007年

11月　東京・日仏会館で「日仏産業遺産シンポジウム　世界から見た富岡製糸場」開催

1月　上毛新聞1面で連載「ぐんまルネサンス第二部　絹先人考」がスタート

1月　文化庁が「富岡製糸場と絹産業遺産群」を世界遺産国内暫定リストに選定、ユネスコ世界遺産センターに申請

3月　上毛新聞企画面で連載「絹遺産紀行」スタート

4月　群馬県蚕業試験場が群馬県蚕糸技術センターに改称

6月　元群馬県蚕業試験場長の藤枝貴和氏（前橋市）が佐藤好祐氏の後任として皇居の紅葉山御養蚕所主任に就任

6月　上毛新聞文化面で今井幹夫氏による連載「南三社と富岡製糸場」がスタート

7月　群馬県知事選で新人の大沢正明氏が現職の小寺弘之氏を破って当選

8月　六合村で「シルクカントリー in赤岩」開催

11月　上毛新聞社が創刊120周年

2008年

2月　上毛新聞社がシルクカントリー双書（全10巻）の第1巻「繭の記憶」を発刊

3月　シルクカントリー双書創刊記念イベント「繭の記憶を語る」を前橋市で開催

3月　富岡市で海外の研究者を招き「世界遺産フォーラム」開催

3月　「高山社を考える会」が発足。2015年2月に解散し、新たに「高山社顕彰会」が発足

4月　農林水産省が養蚕農家と製糸、織物業者をグループ化する補助金制度を新設。蚕糸絹業の支援制度

		を大転換させる
2008年	6月	世界遺産委員会で「平泉の文化遺産」登録延期が決定。日本政府推薦候補としては初
2009年	1月	上毛新聞企画面で連載「上州きもの再発見」スタート
	2月	桐生市で「シルクカントリー in桐生」開催
	4月	群馬県世界遺産推進室が世界遺産課に昇格
	4月	上毛新聞第二社会面で連載「絹が来た道」スタート（神奈川、山梨日日、信濃毎日新聞との連携企画）
	7月	前橋市でシルクカントリー双書3、4巻発刊記念イベント「横浜開港と上州」開催
	7月	群馬県世界遺産学術委員会設置
2010年	2月	国際シンポジウム「シルクカントリー群馬2010」を前橋市で開催
	3月	伊勢崎市で「シルクカントリー in伊勢崎」開催
	6月	世界遺産委員会で「平泉の文化遺産」の登録決定
	8月	シルクカントリー双書「私の中のシルクカントリー」発刊記念イベントを前橋市で開催
	9月	下仁田町で「シルクカントリー in下仁田」開催
	11月	第2回国際専門家会議を群馬県庁で開催
2011年	7月	文化庁・世界文化遺産特別委員会が「鎌倉」と「富士山」の2件をユネスコに推薦すると発表
	10月	**第3回国際専門家会議を群馬県庁で開催。英語版推薦書案をめぐって議論。4資産を構成資産とすることが確定**
		群馬県産繭の生産量が100トンを割り込む（戦後のピークは1968年の2万7440トン）

2012年	2月	シルクカントリー双書第8巻発行記念シンポジウムを上毛新聞社で開催
	3月	富岡市で「シルクカントリー群馬シンポジウム in富岡製糸場」を開催
	7月	**国文化審議会が「富岡製糸場と絹産業遺産群」のユネスコへの推薦を正式に了承**
2013年	1月	推薦書がユネスコ世界遺産センターに届けられる
	2月	シルクカントリー群馬シンポジウムin藤岡を藤岡市で開催
	3月	シルクカントリー双書全10巻刊行記念シンポジウムを上毛新聞社で開催
	4月	イコモスが「富士山」に条件付き「記載」、「鎌倉」に「不記載」勧告。鎌倉は取り下げ
	6月	「富士山」が構成資産を削ることなく世界文化遺産に登録
	9月	イコモスが「富岡製糸場と絹産業遺産群」の現地調査
	9月	伊勢崎市で「残そう繭と絹の国～世界に伝えたい～」キャンペーンイベントを開催
	9月	「第1回TOMIOKA世界遺産会議」を群馬大学で開催
	10月	ユネスコ世界遺産センターから追加資料の要請を受け、群馬県が送付
	10月	高崎市で「残そう繭と絹の国～世界に伝えたい～」キャンペーンイベントを開催
	10月	「第2回TOMIOKA世界遺産会議」を群馬県立女子大学で開催
	12月	ぐんま絹遺産CMコンテスト表彰式
2014年	1月	上毛新聞第二社会面で連載「絹の国拓く」開始（2014年4月まで65回）
	3月	前橋市で「シルクカントリー in ぐんま」開催
	4月	**大日本蚕糸会が全国の養蚕農家と製糸、織物業者の56グループに対し、3年間の独自助成を始め**

2014年

る。**群馬県も新たな補助金を創設**

4月 上毛新聞社が蚕種、養蚕、製糸、織物にまつわる「お宝」を募集（10月に入賞者の表彰、展示）

4月26日 イコモスが「富岡製糸場と絹産業遺産群」の「記載(登録)」勧告

5月 「第3回TOMIOKA世界遺産会議」を前橋工科大学で開催

6月21日 カタールのドーハで開かれたユネスコ世界遺産委員会で「富岡製糸場と絹産業遺産群」の世界文化遺産登録が正式決定

6月 大沢正明知事が絹産業の振興に力を入れると発言

6月 上毛新聞第二社会面で連載「絹の国あすへ」開始（2015年1月まで40回）

9月 「第4回TOMIOKA世界遺産会議」を群馬大学で開催

10月 富岡市で「シルクカントリーin富岡」開催

10月 国文化審議会が富岡製糸場を国宝に指定するよう答申。群馬県内初の国宝で、国内近代産業遺産でも例がない

2015年

4月 群馬県内の繭生産量が32年ぶりに前年比増となる

4月 上毛新聞社が養蚕・製糸・織物など絹にまつわる論文・作文、動画を募集

4月 桐生市など県内4市町村の絹遺産で構成する「かかあ天下—ぐんまの絹物語」が文化庁の日本遺産に選ばれる

6月 「シルクカントリーぐんま　絹の国ふるさと祭りin甘楽」を甘楽町で開催

9月 上毛新聞社の「シルクカントリー群馬」キャンペーンが日本新聞協会の新聞広告賞

2016年
10月 世界遺産登録1周年記念・シルクカントリーぐんま「絹の国サミット」を富岡市で開催
11月 上毛新聞社が大日本蚕糸会の「蚕糸功績賞」受賞
「かかあ天下―ぐんまの絹物語 in中之条」を中之条町で開催
6月 「かかあ天下―ぐんまの絹物語 in片品」を片品村で開催
「あなたが創る『絹の詩』作詩コンクールの作品募集（「おかいこさん」が大賞）
10月 シルクカントリーぐんま「絹の国サミット in藤岡」を藤岡市で開催
11月 伊勢崎銘仙の一つ、併用絣が、伊勢崎市民有志のプロジェクトで50年ぶりに復活

2017年
5月 碓氷製糸農業協同組合が株式会社化して「碓氷製糸」に
7月 「おかいこさん」を歌う動画を募集
9月 繭から生まれた花「花まゆ展」を群馬県庁・昭和庁舎で開催
10月 **蛍光シルクの量産化に向け、前橋市の養蚕農家でGM蚕の飼育を始める。一般養蚕農家では国内初**
11月 上毛新聞創刊130周年
12月 「シルクカントリーぐんま シルク博 in伊勢崎」を伊勢崎市で開催

2018年
2月 「かかあ自慢の祭典」を前橋市で開催
8月 「シルクカントリーぐんま シルク博 in下仁田」を下仁田町で開催
10月 「Nipponのシルクと光」を東京の大井競馬場で開催

2019年
6月 「世界遺産登録5周年記念式典」を富岡市で開催
10月 「シルクカントリーぐんま シルク博 in富岡」を富岡市で開催

索引

三山春秋小史

終戦から1カ月半たった1945(昭和20)年10月1日、上毛新聞1面の最下段に、「三山春秋」と題した、26行の小さな欄が設けられた。

発行制限の解除に合わせ誕生

「隣県埼玉にはすでに連合軍の進駐を見、(略)本県への進駐も最早や時の問題といへよう――」

進駐軍を迎えるに当たって求められる県民の心構えを説いている。アメリカを主体とする連合国軍の進駐が始まろうとしていた時期だ。

これが現在も続く上毛新聞のコラム「三山春秋」の第1号である。戦時体制下の変則発行が改まる節目に合わせた誕生だった。

この5カ月前の5月21日、上毛新聞に次のような内容の社告が掲載された。

「県下に頒布する新聞紙は本紙のみとなり、朝日、読売、毎日各紙はすべて本紙に切替へられることになりました」

新聞非常措置要綱により、地域の代表的な地方紙に全国紙が合併する形で発行することが決められたのだ。群馬県では、同日から上毛新聞の題字下に朝日、読売、毎日の3社の社名を併記した新聞が作られることになり、1面下にコラム「刀水賦《とうすいふ》」が登場した。

非常措置は終戦を経て9月30日に解除となる。これに伴い、翌日付上毛新聞の題字下の3社の名はなくなり、コラムは「三山春秋」と改題された。

上毛新聞社にはそれ以前も、掲載位置は異なるが、同様なコラムは書かれていた。大正期には、ほぼ同じ長さの「小天地」「閑是非」と題した欄があり、昭和に入ってから戦争が始まるころまで短文の「上毛春秋」が不定期に掲載されていた。これが「三山春秋」の命名のもとになったものと見られる。

森羅万象を地域に根差した視点で

以後、1面コラムはこのタイトルで続けられてきた。その間、デザインや長さは少しずつ変わっている。新聞の文字拡大などに合わせて数回にわたって文字数、行数の増減があり、２００９年11月1日付から、現行の12字（一部10行）×48行、総文字数およそ５４５字前後になっている。末尾に日付が加えられたのもこの日からだ。▼印を５つ挟み、一つの文章を構成している。

執筆は編集局で長く記者を経験した取材力、筆力のある論説委員ら10人前後が交代で担当している。人数は時代によって異なり、一人の記者がほぼ毎日書いていた時期もあった。近年は編集局の部長、支局長、各部のキャップも担当するようになり、テーマや地域に偏りがないよう、執筆者が受け持つ分野、地域から話題を選ぶよう心掛けている。

取り上げる題材は政治、経済、社会、文化、自然―と森羅万象に及ぶ。群馬に根差した地方紙の視点を大切にし、日々の出来事、社会現象を担当者ならではの切り口で論評し、あるべき方向を提言。四季折々の風景や美しい自然を描き、人々の喜び、悲しみ、怒りの声、時代のこころを伝えている。

もう一つの「群馬の戦後史」

大久保事件、連合赤軍事件、あかぎ国体、日航ジャンボ機墜落事故、東日本大震災、「富岡製糸場と絹産業遺産群」の世界文化遺産登録―など、大きな事件、事故、出来事や催しがあったときは、時期を逸することなく取り上げ、ニュース記事とは異なる切り口、視点で問題や課題を掘り下げる。

批判精神を持ち、時代の変化を敏感にとらえる歴代の執筆者によって書き継がれたコラムは、もう一つの「群馬の戦後史」と言っていいだろう。

『三山春秋』題字デザインの変遷

「三山春秋」の題字デザインは、スタートした1945年10月1日から翌年3月末まで同一のものが使われ、1946年4月からは、背景に上毛三山などのイラストを配したデザインとなった。イラスト、題字とも頻繁に改められる時期を経て、1955年6月1日から、イラストをなくしたシンプルなデザインに定着。現在の形になったのは1971年3月15日からで、半世紀近く続いている。

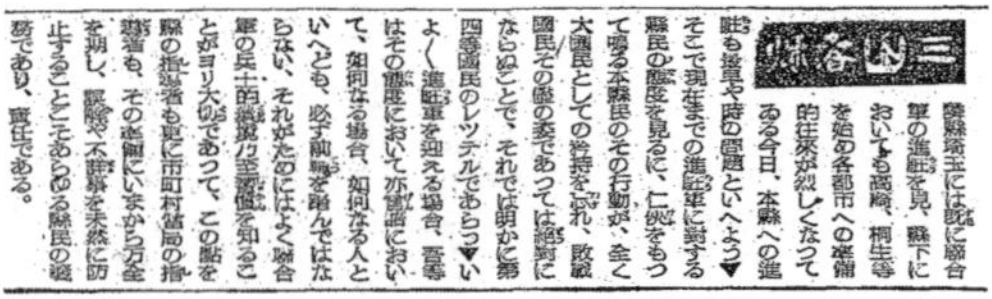

三山春秋

隣縣埼玉には既に聯合軍の進駐を見、縣下においても高崎、桐生等を始め各都市への準備的往來が烈しくなつてゐる今日、本縣への進駐も遅早や時の問題といへよう▼そこで現在までの進駐軍に對する縣民の態度を見るに、仁俠をもつて鳴る本縣民のその行動が、全く大國民としての矜持を忘れ、敗戰國民その儘の姿であつては絶對にならぬことで、それでは明かに第四等國民のレツテルであらう▼いよく進駐軍を迎える場合、吾等はその態度において亦言語において、如何なる場合、如何なる人といへども、必ず軌範を踏んではならない、それがためにはよく聯合軍の兵士的氣質乃至習慣を知ることがヨリ大切であつて、この點を縣の指導者も更に市町村當局の指導者も、その準備にいまから万全を期し、誤解や不詳事を未然に防止することこそあらゆる縣民の義務であり、責任である。

三山春秋第１号（1945年10月１日付）

1945.10.2

1946.4.1

1946.5.1

1947.1.1

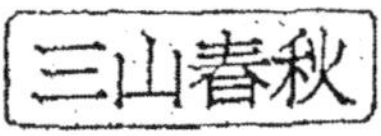

1955.6.1

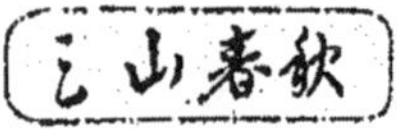

1971.3.15～

創刊の辞

新聞の一面に毎日掲載されるコラムは「新聞の顔」であり、読者に開かれた「社会への窓」でもあります。上毛新聞のコラム「三《み》山《やま》春秋《しゅんじゅう》」は、赤城、榛名、妙義の上毛三山にちなんで名づけられました。群馬県全域に取材網を巡らせ、よりきめの細かい、地元の記事を多角的に掲載する新聞社としての矜持を示したものです。

県内を長年走り回ってきた経験豊富な記者がタイムリーな話題に焦点を当て、独自の視点でペンを取っています。群馬の文化や政治、経済、スポーツ、事件・事故、自然災害など、記者の視線は各分野にわたり、まさに「群馬の歴史」そのものを凝縮した内容となっています。

上毛新聞は1887（明治20）年11月に創刊されました。発刊の辞には、「凹硯《おうけん》を洗ひ禿筆《とくひつ》を舐《な》め、繁雑の社会に立って繁雑の出来事を網羅し、侃々《かんかん》の論、諤々《がくがく》の議、党せず偏せず、社会の羅針盤を以て自任せんとす」と記されています。この決意は日々の新聞づくりで受け継がれています。

『上毛新聞コラム新書　三山春秋が伝える時代のこころ』はテーマごとに編集し、順次出版してまいります。複雑な社会情勢の中、時代を考え、今を読み解く参考になればと願っております。

上毛新聞社代表取締役社長　内山　充

上毛新聞コラム新書 1
「三山春秋」が伝える時代のこころ
絹の物語 未来へ
二〇一九年一〇月二六日 初版第一刷発行
上毛新聞社編
発 行 上毛新聞社事業局出版部
〒371-8666
群馬県前橋市古市町一丁目50-21
TEL 027-254-9966

ISBN978-4-86352-245-9